科普中国创作出版扶持计划

定真气象科普丛书

中国科普研究所
2021年委托项目（210107ECP047）研究成果

冷暖更迭

探秘身边气候

朱定真 武蓓蓓 张金萍 编著

气象出版社
China Meteorological Press

图书在版编目（CIP）数据

冷暖更迭：探秘身边气候 / 朱定真，武蓓蓓，张金萍编著. -- 北京：气象出版社，2022.8
（定真气象科普丛书）
ISBN 978-7-5029-7731-3

Ⅰ．①冷… Ⅱ．①朱… ②武… ③张… Ⅲ．①气候学－普及读物 Ⅳ．①P46-49

中国版本图书馆CIP数据核字(2022)第098075号

冷暖更迭——探秘身边气候
Lengnuan Gengdie—Tanmi Shenbian Qihou

出版发行：气象出版社

地　　址：北京市海淀区中关村南大街 46 号　　邮政编码：100081

电　　话：010-68407112（总编室）　　010-68408042（发行部）

网　　址：http://www.qxcbs.com　　E-mail：qxcbs@cma.gov.cn

责任编辑：黄海燕　　　　　　　　　终　　审：吴晓鹏

责任校对：张硕杰　　　　　　　　　责任技编：赵相宁

封面设计：艺点设计　　　　　　　　插图绘制：李姝琦　李沛儒

印　　刷：北京地大彩印有限公司

开　　本：710 mm × 1000 mm　　1/16　　印　　张：5.5

字　　数：72 千字

版　　次：2022 年 8 月第 1 版　　　印　　次：2022 年 8 月第 1 次印刷

定　　价：30.00 元

序

不论走到哪儿，天气都伴随着我们，但天气现象是复杂多变的，需要科普为我们架起认识它的桥梁。优秀的科普图书是这座大桥的坚实基础，可以帮助我们感受气象科学精神、树立气象科学思想、掌握基本气象科学知识和方法，并提高和增强应用其分析判断事物和解决实际问题的能力。创作优秀的科普图书，普及气象科学知识，提高全民气象科学素养，促进科技创新与科学普及两翼齐飞，是提高全民科学素质的重要内容，也是实施国家创新驱动发展战略的必然要求。

气象科学博大精深，其中与日常生产生活关系最密切的是防灾减灾救灾和应对气候变化知识。我国是世界上受气象灾害影响最严重的国家之一，气象灾害种类多、影响范围广、发生频率高，所造成的损失占自然灾害损失的 70% 以上。特别是在全球变暖的背景下，气象灾害所造成的损失和影响更大，已成为防灾减灾救灾工作的重点。气候变化对自然系统和社会系统都产生了重要影响，已经拉响了"全人类的红色警报"，像持续的海平面上升等变化在数百到数千年内都是不可逆转的。未来，气候变化带来的负面影响程度和风险将加深加重。全球变暖还使得极端天气出现的频率增加。因而，树立极端天气常态化意识，做足常态化防御准备，已经刻不容缓。在这种趋势下，年轻人将成为受气候变化影响最大的人群，因此，越来越多的公众特别是青少年更加关注天气与气候变化，渴望了解更多更新的气象知识。

本书主笔朱定真已从事气象预报、服务和管理工作 40 余年，是中国科协第六批全国首席科学传播专家，曾荣获 2015 年中国"十大科学传播人"称号。年轻时，他是一名天气预报员，现已成为活跃在荧屏上年纪最长的"气象主播"。每逢重大气象灾害发生，他就会作为气象专家在媒体上解读天气，在报道我国灾害特征、普及防灾避险知识、明辨天气事实等方面发挥了重要的科学传播作用，影响数亿观众和网民。他始终以传播气象科学知识为己任，如今，他带着 40 余年积累的气象科学实践和公众科学传播经验，与来自文学、科普等领域的专业人士深度合作，选取多年来在气象科普工作中遇到的公众提问频率最高、舆论场里最热门、与生活密切相关但又容易混淆的问题，深入浅出做出解答，以飨读者。这些问题被归为气象现象、身边气候、生活气象、二十四节气四大类，每类自成一册，四册凝结成"定真气象科普丛书"。

丛书遵照"三分钟了解一个气象话题"的理念，以问题为主线，站在天气预报员的视角，形象化地解答生涩的气象科学问题，内容贴近生活，解读角度新颖，语言通俗晓畅，便于读者轻松阅读。本套丛书的出版不仅能满足读者探索气象奥秘的求知欲，让大家知其然并知其所以然，而且能切实提升大家防范气象灾害的能力和保护生态环境、应对气候变化的意识，传承"天人合一"的思想，践行"绿水青山就是金山银山"的理念。相信广大读者阅读该套丛书后一定会有所收获。

丁一汇

（中国工程院院士）

2022 年 2 月

前言

　　地球被我们赖以生存的大气包围。这层大气就像地球的外套，既创造了孕育生命的条件，也造就了万千气象。与厚达6371千米的地球半径相比，大气层只有数百千米高，"天高"还是"地厚"一目了然。但是，大气层的状态和变化时时处处影响着人类，风霜雨雪、四时之景也给人类带来了丰富的喜怒哀乐。从自古流传的"二十四节气"到如今热议的"气候变化"，从神秘惊恐到赋诗赞美，从观察记录到预报预测，从大力抗争到有效利用，人们一直想弄清楚大气层中已经和将要发生的事情以及它与生产生活的联系。随着科学技术的进步，"天有不测风云"一定会成为过去。但在可预见的未来，天气预报仍然无法达到百分之百准确，这便是大气层的神秘。她成就了地球万物，时而愤怒、时而温柔的个性又似乎在教授人类合理利用气象资源的规矩。为了让生命更安全、生活更美好，我们需要不断加深对大气层的认识，适应她、呵护她、利用她。

　　"定真气象科普丛书"（以下简称"丛书"）从科普实践中最常遇到的问题入手，围绕生态文明建设、气象防灾减灾、应对气候变化等热点，结合天气预报员实战经验，紧贴日常生产生活，运用轻松有趣的语言，引导读者了解天气气候现象背后的科学知识，视角新颖、案例翔实、语言通俗，便于读者由浅入深地走进气象科学。

丛书共四册。《云谲波诡——看懂气象现象》聚焦与百姓生活关系最密切的霾、高温、台风、沙尘暴、倒春寒、秋老虎等气象现象，揭秘其形成原因和可能造成的影响，让大家看天气预报看得更明白、看了以后更清楚该怎么做。《冷暖更迭——探秘身边气候》通过"气候变暖的三胞胎""郑和是被什么风吹回来的""风被'偷'了吗"等有趣话题，解析常常困扰我们的气候谜题，并厘清了一些容易混淆的概念。《风雨同行——走进生活气象》剖析了气象是如何像双刃剑一样影响环境、农业、军事、交通、体育、健康等，并且提供了大量运用气象科学提高生活安全性和品质的小贴士。《寒暑相推——解析二十四节气》从天气预报员的角度看节气，随时间推演，呈现出一个个节气的美丽画卷，剖析其物候、时令对应的天气气候现象和气象科学原理，介绍其对生产生活的影响，解释围绕二十四节气的民俗谚语，消除常见误解。

丛书可以帮助读者认识中国的气象灾害和天气气候现象，为我们应对全球持续变暖和极端天气事件带来的灾害提供必备科学知识，也可以为气象爱好者们了解气象科学概念和原理提供参考，还可以帮助更多人深入理解气候系统和自然生态系统"山水林田湖草沙冰"相互依存的关系以及"人与自然生命共同体"的理念，激发大家共同呵护地球家园的热情。

　　在撰写本书的过程中，丁一汇院士、尹传红老师给予了珍贵的指导帮助，谨此向他们致以衷心的感谢。

朱定真

2022 年 2 月

目录

脱去气候的外套

气候正常的标准

　　天气经常变化，但是通过气象各要素的平均值来看，一个地区的天气总体上是有自身相对稳定的规律的，比如四季分明、常年严寒、旱季、雨季、炎热、寒冷等。气候就是一个地方多年的天气平均状况，也就是当地大气物理特征的长期平均状态。它主要反映一个地区的冷、暖、干、湿等基本特征，具有相对的稳定性，是某一地区多年大气特征的一个常态，也是当地天气的总体规律表现，时间为月、季、年、数年到数百年以上。如果做一个比喻，可以把气候数值比喻为学生多年考试成绩的平均状况。显然，一个班的成绩波动要比单个同学的成绩波动小，而一个同学多次考试得到的平均分要比一两次考试的分数更具有代表性。

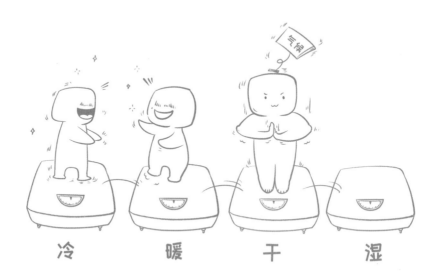

冷　　　暖　　　干　　　湿

怎样看待气候"正常"？

我们经常在气象报告中看见"气候总体正常/异常"这样的字眼，比如中国气象局每年发布的《××××年中国气候公报》表明，××××年我国气候年景总体正常，气温偏高，降水偏多，等等。这里所谓的"正常"，就是指这一年气候的变化接近多年的平均状况，偏差不大，比较合于常规。

究竟什么是"气候平均值"？

看气候正常与否，有一个标准值，就是"气候平均值"。气象要素的统计值越接近这个平均值，就越接近"正常"。那么，这个平均值是从哪里来的呢？

当我们评估一个地区的气候时，因为说的是整体特征和平均状况，所以用冷、暖、干、湿等比较宽泛的形容词。但是，当具体到气温、降

水、风等各种气象要素时，我们就要用统计量如均值、极值、概率等来表述。比如，说到气温时，根据计算时间长短不同，有某日平均气温、某月平均气温和某年平均气温等。说到降水、气压等时，也是如此。这些气象要素的数值都是用相当长一段时间内单次数据的总和平均出来的，这个"平均值"代表了当地相当长时间的"正常"情况，也就成了作为"正常"标准的"气候平均值"。这就像说一个人是"急脾气"还是"慢性子"，是需要长年经历多次事件观察才能判定的。

一个地方的气候监测资料时间越长、统计样本越多，所得到的气候平均值就越有代表性。但是，各地受观测站建站时间长短不一、站点周边环境变化等因素影响，越长时间的资料越难以获得。所以，为了兼顾可行性和科学性，通常将长达 30 年的气象要素平均值作为"气候学意义上的'正常'标准"。这一标准每 10 年更新一次，取最新的 30 年平均值作为气候平均值。比如，2001—2010 年作为对比的气候平均值取 1971—2000 年的平均值，2011—2020 年作为对比的气候平均值取 1981—2010 年的平均值。

这样一来，我们所谓的"正常""偏多""偏少"就是和上一个 30 年的常年平均值这个"刻度尺"比较出来的。将某年内主要气象要素和气候平均值做比较，如果偏差不大，在相应的阈值范围内，就叫作"正常"。如果明显偏离了气候平均值，那就根据偏离气候平均值的程度确定是偏多还是偏少。

对气候研究来说，"常年"应该多长，根据分析需要是不同的。要看统计的资料长度和研究目的的需要，采取不同长度的常年平均值作参考，比如一百年、一万年等。不同长度的统计分析，包含的历史气候变化幅度和频率会有所不同，对气候趋势的定性描述也会有所不同。

为什么世界气象组织要评"百年气象站"?

现在强调生态文明建设、保护环境、恢复生态，那么一个地方生态到底变化了多少？生态好的时候各个气象要素的指标怎么样？怎样才算恢复了？仅仅以"水清了""鱼回来了"来判断，是不能说明情况的。科学的方法是用现在的数据和历史最好时期（指生态最好时期）的数据做比较。所以，那些历史悠久的气象观测站的连续观测资料就显得难能可贵了，成为当地生态环境历史账本，并且留存的资料越长越有价值。

2016年，世界气象组织（WMO）为突出长期历史序列气象站作用，建立了百年气象站认证机制，为那些满足运行时间百年以上、缺测不超过10%（不含战争和灾害等影响）、迁站没有造成气候特征变化等9个条件的气象站命名，表彰这些气象站进行了长期连续的观测，科学和社会学意义重大。

早在2012年，我国上海徐家汇国家气象观测站就已被世界气象组织认证为百年气象站。2017年，世界气象组织认定呼和浩特国家基本气象站、长春国家基准气候站、营口国家基本气象站和香港天文台为全球首批世界百年气象站。到2020年，武汉、大连、沈阳、北京、芜湖、青岛、南京、齐齐哈尔和澳门大潭山等均已被世界气象组织认定为百年气象站。这些百年气象站忠实记载了气候变迁，所保存的观测数据被气象科学界视为不可替代的气候遗产，对于气候资料研究、还原生态本真、分析经济社会发展对生态与环境的影响，以及增强人类推进生态文明建设的意识和行动自觉，都具有重大现实意义。

气候变暖的三胞胎

科学分析表明，在大约一个世纪的时间里，人类排放的温室气体使全球变暖了，而未来 30 年内温度还将继续升高。如果这一趋势持续下去，人类终将毁灭自己。目前二氧化碳浓度水平已处于创纪录高位，2020 年全球平均温度较工业化前水平高出约 1.2 ℃。如果不做出改变，21 世纪气温升幅可能超过灾难性的 3 ℃。2020 年，联合国秘书长古特雷斯呼吁世界各国领导人宣布本国进入"气候紧急状态"，直到实现碳中和。

针对控制全球变暖，有一种说法认为，气候变暖、大气污染、节能减排是同根同源的"三胞胎"，也就是说管住一个就能影响其他。真的是这样的吗？答案是真的。

为什么说气候变暖、大气污染、节能减排是"三胞胎"？

这要从气候变暖的成因说起。目前科学界公认，自然因素和人类活动都能使气候发生变化，而人类活动是 20 世纪后半叶以来全球气候变暖的主要原因。具体来说，气候变暖与人类活动产生的温室气体增加有关。造成气候变暖的人为原因大部分归咎于人类生产生活所产生的温室气体超出了自然变率，也就是说，人类制造的温室气体超出了大自然正常气候变化所应有的水平。

化石燃料的燃烧会排放出大量的气溶胶。一定气象条件下，经过复杂的反应，大量气溶胶吸湿增长、活化生成霾等污染大气的物质。同样，温室气体又与常规大气污染物（如 PM、NO_x、SO_2、O_3 等）同根，主要来源于化石燃料燃烧、污染物超标排放等。据统计，我国二氧化硫排放量的 90%、氮氧化合物排放量的 67%、烟尘排放量的 70%，以及二氧化碳排放量的 70% 都来自化石燃料如煤炭、石油、天然气等的燃烧。化石燃料燃烧导致的黑碳气溶胶可直接造成空气污染，而且有明显的气候效应（增温）。温室气体与主要污染物的同源性，也意味着可以通过控制化石燃料燃烧源头，实现温室气体与常规大气污染的协同治理，实现双赢。

换一个角度看，全球气候变暖使热带和寒带的温差减小，南北向空气的交换能力减弱，冷空气活动减弱，导致大风日数减少、静稳天气增加，这又提高了大气污染发生的频率。近 50 年来的资料显示，我国大风日数减少了，降水日数也减少了，导致气溶胶的湿沉降（即通过降雨、降雪等使颗粒物从大气中去除）能力减弱，更多的气溶胶留在大气中，在一定程度上又加剧了大气污染的多发。

温室气体与主要污染物同源并且与气候变化交互影响，因此我们应当采取综合、一体化、协同的防治战略。比如，当没有风或风很小，天气条件有利于污染物聚集、不利于大气扩散时，可以采取限制工矿企业排放的措施来减轻或避免大气污染的出现。总之，气候变暖、大气污染、节能减排，这一家三胞胎的关系还真是剪不断理还乱。

节能减排应该是"老大"？

节能减排能够通过减少温室气体排放来缓解气候变暖，而气候变暖缓解又能减少大气污染发生。反之，如果不采取措施节能减排，大气污染会越来越严重，也将加剧气候变暖。基于大气污染、气候变暖、节能减排交错影响的关系，对于"三胞胎"的管理，追根溯源，节能减排才是"老大"，大气污染应是"老二"，气候变暖就只能算"老三"了。

想走绿色低碳可持续发展道路，以最优的路径实现环境友好型社会的要求，就要让"三胞胎"友好相处。实现良性发展，管好"老大"节能减排是关键。当然，控制污染排放，"天帮忙"最好，"人努力"最重要。应对气候变化，谁也不能独善其身。对每个人、每个家庭以及每个企业来说，积极承担环境保护和应对气候变化的社会责任，是对未来生存与发展负责。如果只顾短期利益，最终带来的环境恶化后果，同样需要所有人一起买单。

气候变化 ≠ 气候

经过近些年的科普，相信不少读者对"天气"和"气候"已经有了一些简单的认识。比如说，短期预报是对天气的预报，长期预测是对气候的预测。预报可以给出一个确定的结果，比如"今天夜里到明天白天某些地区有降雨"；预测只是给出一个推测，比如"明年冬季可能偏暖"。

气候和气候变化有区别吗？

气候和气候变化是两个研究方向。从专业角度而言，我们常说的气候或者说气候学研究，研究的是整个自然界气候的规律及其影响。气候是长期的天气分布、变化的规律，是有规律可循的。气候学研究的就是存在着什么样的规律，这个规律有什么影响。气候变化则是要发现在气候规律之外出现的、偏离规律的"不稳定"现象，并评估这些"不稳定"现象会带来哪些有利或不利影响。所以，气候变化是指气候平均状态和离差（距平）两者中的一个或两个出现了统计意义上的显著变化（偏

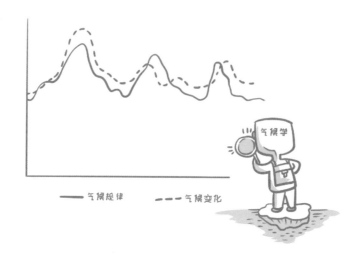

——气候规律　　- - - - 气候变化

离）。离差值越大，表明气候"变化"的幅度越大，气候状态越不稳定，或者说是出现了气候异常，气候偏离了正常的变化韵律。研究气候"异常"不仅包括研究偏离了正常趋势平均值的变化，还包括研究"变化速率"的变化。例如，气候变暖了，极端天气事件就频繁了，那么接下来还会有怎样的变化？为什么全球平均气温升幅与前工业化时期相比超过2 ℃最令人担心？这些都是气候变化的研究课题。有人说，这个研究跟医生看病有点像——一个研究气候和气候"生病"的规律，一个研究人体保健和生病的规律。以人的血压打比方，男女老少的正常血压有不同标准，也就是说，血压有一个合理变化的幅度，在幅度之内，被认为是正常的血压。当你的血压在合理幅度内，可以认为你没有生病，这种状态就是符合你身体健康的"气候规律"，医生会让你尽量保持这个状态。但是，当你的血压偏高或者偏低超出了正常范围，并且持续了一定时间，甚至产生一些病状的时候，医生会认为你的血压发生了你能够承受的偏离正常规律的变化，"不稳定"了，要生病了。这种血压偏高或者偏低就相当于"气候发生了离差（距平）变化"，医生要分析它的成因和治疗对策。气候研究也是如此。"健康的"地球气候有季节性的变化规律，有太阳和地球位置的变化规律，以及地形、地势、海陆分布形成的不同气候区表现出来的规律。但时不时会出现偏离这些规律、与已知规律或者变化韵律不协调的现象，比如说持续变暖、异常旱涝、极端偏暖或者偏冷事件。这些都表明气候发生了偏离正常的变化，科学家就要给"不健康"的地球气候看病，开展专门研究，评估随之而来会有哪些影响，并提醒政府和公众应当怎样防范以及适应这些变化。

气候和气候变化可以转化吗？

虽然气候和气候变化是研究气候规律这一问题的两个方面，但是人类对于事物的认识总是不断深入的。随着研究方法、技术装备的进步，原来被认为是气候变化范畴属于"异常"的现象，很有可能因为发现了它背后的规律而变为"有规律性"的气候问题。比如拉尼娜和厄尔尼诺事件，刚开始人们不太了解时，认为它们是异常的气候变化问题，从而进行了大量研究。随着研究不断深入，科学家发现它们只是自然界中一类有规律的气候现象，甚至可以进行监测、预测。从此，它们就成为地球气候规律性变化的一部分，成为气候研究的对象了。不过，现在科学家们又遇到了需要研究的新的气候变化问题，比如极地明显增温、我国西北地区降水增多、欧洲破纪录高温现象等。

总而言之，气候和气候变化，是科学家研究气候规律的两个不同方向。在地球多种多样的气候中，有一些变化正在悄然发生，我们可能还未察觉。随着人们对于气候研究的深入，研究领域一定会越来越细分，新的课题还会出现，我们对于气候变化的监测也一定会更加敏锐，研究成果定将造福人类。

2 ℃之差，地狱天堂

你有没有想过，全球平均气温升幅是否能控制在 2 ℃以内，对我们来说是一个什么样的概念，对我们又有什么最直接的影响？

2 ℃这个说法，来源于史上首个关于气候变化的全球性协定。2015 年 12 月 12 日注定是一个载入史册的日子。这一天，巴黎气候变化大会通过了《巴黎协定》，各方同意结合可持续发展的要求和消除贫困的努力，将全球平均气温升幅与工业化前相比控制在 2 ℃以内，并继续努力，争取把升幅限定在 1.5 ℃之内，以大幅减少气候变化的风险和影响。

为什么是 2 ℃？

2 ℃是科学界经过数年的科学讨论得出的广泛共识。气候变化对自然系统和社会系统都产生了重要影响，未来的影响利弊共存，弊大于利，负面影响程度和风险将加深加重。2021 年，政府间气候变化专门委员会（IPCC）第六次评估报告指出，科学家们一直在观测全球各个区域和整个气候系统的变化，观测到的许多变化为几千年来甚至几十万年来前所未有，一些已经开始的变化（如持续的海平面上升）在数百到数千年内不可逆转。大力持续减少二氧化碳与其他温室气体排放将减缓气候的变化。科学家们经过多年研究，认为"2 ℃阈值"是全球温室气体控制长期目标。如果全球增温超过 2 ℃，对于人类生存的影响就是弊大于利，而且是不可逆的。

研究气候变化的科学家和决策者早在 2009 年哥本哈根会议上就达

成了共识，"2 ℃目标"是全球进行减排行动依据的第一个量化的约束性指标。这个目标也是为避免全球升温达到4 ℃而必须实现的前提目标。

如果高于2 ℃会怎样？

2007年，政府间气候变化专门委员会（IPCC）第四次评估报告认为，与工业化前相比，如果全球平均增温幅度超过2 ℃，生态系统会发生重大改变，部分地区粮食生产潜力可能会降低，很多区域经济效益可能会降低。

评估认为，全球平均气温升高将使热浪增多，而高温对处于花期的农作物影响最为显著，花粉不育的概率将大大增加，从而大幅降低产量。同时，气温升高会使我国东部物候期提前；亚热带、温带北界北移；湿地和草原等生态系统退化；某些物种消失；全国动植物病虫害发生频率上升；某些生态系统的脆弱性大大增加，如森林类型分布北移和上移；内陆湖泊和湿地加速萎缩；大熊猫、野马、野骆驼等野生动物和某些苔藓、蕨类、裸子及被子植物将处于濒危或受威胁状态。

科学家综合考虑认为，全球升温 1.5 ℃时，热浪将增加，暖季将延长，而冷季将缩短。全球升温 2 ℃时，极端高温将更频繁地达到农业生产和人体健康的临界耐受阈值。

2 ℃是全球减排目标的上限。如果全球升温能够控制在 2 ℃以内，全球变暖所带来的损失能够降低一点，那么生态系统还能够继续维持。假如全球平均气温升高超过 3 ℃会发生什么呢？地球可能要出大毛病，多个发达的沿海人口密集居住区域很可能被洪水淹没。这不是杞人忧天，到 2100 年，全球仍极有可能升温超过 3 ℃。

为什么不是 1.5 ℃？

把全球增温幅度控制在 2 ℃以内已是当务之急。2018 年，IPCC审议通过《全球 1.5 ℃增暖特别报告》。报告向世人展示了平均气温升高 2 ℃和 1.5 ℃的不同图景，可谓"温差半度，气象迥异"。报告强调，与 2 ℃的气温升幅相比，将变暖控制在 1.5 ℃，2100 年全球海平面将少上升 10 厘米；升温 2 ℃，夏季北冰洋将每十年出现一次海冰消失的情况，升温 1.5 ℃则为每世纪出现一次；升温 1.5 ℃，珊瑚礁将减少 70% ～ 90%，而升温 2 ℃，珊瑚礁将消失殆尽。

将全球变暖增幅控制在 1.5 ℃而不是 2 ℃之内是对世界发出的警示，将为人类和自然生态系统带来真正的好处。这一努力可以与确保为所有人提供更加可持续和公平的社会的努力齐头并进。尽管升温 1.5 ℃以内更有利于人类发展，但将升温 2 ℃以内设定为目标更为实际。国际上所有的减排目标也都是围绕着有可能达到 2 ℃的这种排放量作为阈值，计算各国需要多大力度的减排才能保证不突破阈值，并且以此来"倒逼"各国的减排量。

地球何以会恒温

太阳系里为什么只有地球上有生命？这是因为地球有满足生命出现和繁衍条件的气候，这个气候最为优越的地方就是地球是"恒温"的。

什么是温室气体？

恒温实则是温室气体造成的温室效应。大气中存在着一些具有红外辐射活性（即能够吸收和释放红外辐射）的微量气体，如水汽（H_2O）、二氧化碳（CO_2）、甲烷（CH_4）、氧化亚氮（N_2O）、六氟化硫（SF_6）等。这些微量气体被称为"温室气体"，因为它们不但能吸收地面发出的长波辐射（即红外辐射），还能将其发射回地面，给地球"保温"。温室气体就像玻璃温室的一层屋顶，能把房间里的热量"锁住"一部分，制造出一个保温的空间。

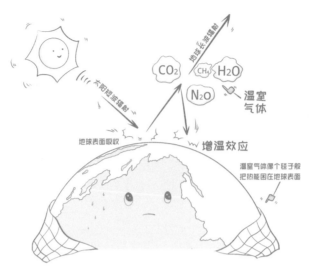

温室气体大多无毒，本身不仅对人体没有显著危害，反而是地球生物的保护服，但它的异常变化会引起全球气候的巨大变化和一系列未知的影响。比如，过量温室气体的增温效应不但会导致极地冰雪融化和海水热膨胀，从而引起海平面上升，危及人类，还会导致极端天气事件增加，影响粮食安全，最终影响人类生存。因此，温室气体受到广泛关注。

从全球尺度看，地球表面接收太阳辐射后，会同时通过红外辐射向外释放能量。地球表面接收太阳辐射的能量基本恒定不变，而地球表面通过红外辐射向外释放的能量则与地球表面的温度有关，所以地球表面的平均温度就自然地保持在吸收太阳辐射能量和红外辐射释放能量相等的动态平衡点上。太空背景辐射温度为 $-270.3\ ℃$，如果地球大气中完全没有温室气体，地球表面与外太空之间的热量交流就没有任何阻碍，那么根据理论推算，全球地表平均温度将为 $-19 \sim -18\ ℃$，即我们家庭日常使用的冰箱冷冻室的温度。在这个温度下，地球应该是一个"雪球"或者"冰球"。然而，我们的地球大气系统中有了温室气体，阻挡了一部分地球表面向外太空的直接红外辐射，这就使得地球表面的辐射平衡温度升高至目前的 $15\ ℃$ 左右。所以，地球成为适宜人类居住的星球。

正是大气中的温室气体使地球表面的温度升高，为地球生命的繁衍生息提供了一个相对温暖适宜的"恒温"气候环境，这种增温作用被称为"温室效应"。自然界中，水汽、二氧化碳、臭氧被认为是让地球"恒温"的三张"毛毯"。

地球的"恒温"能不能保持下去？

人类幸运地得到了适宜生存的"恒温"地球，现在科学家和公众最为关心的是地球的"恒温"能不能保持下去。

自然界温室气体主要由火山喷发、森林大火、生物排放等过程产生。然而，自 1750 年工业革命以来，人类活动造成温室气体排放总量不断增加，温室气体浓度也迅速上升到了历史最高水平。

大规模燃烧化石燃料，如煤炭、石油等，是人类排放 CO_2 的主要形式。据冰芯研究证明，2005 年大气 CO_2 浓度达到 380 ppm（1 ppm= 10^{-6}，下同），这个数值大大超过了过去 65 万年来自然因素引起的变化范围（180 ～ 300 ppm）。自 20 世纪 50 年代有连续直接测量记录以来，增长率约为每年 1.4 ppm。目前，全球大气中 CO_2 平均浓度已超过 400 ppm 警示线。2019 年，世界气象组织（WMO）秘书长塔拉斯指出，地球上出现如此高浓度的 CO_2 还是在 300 万 ～ 500 万年前，当时的气温比现在高 2 ～ 3 ℃，海平面也比现在高 10 ～ 20 米，这足以证明地球现在正处于变暖的大趋势中。

人类目前的目标是将全球平均气温的升温幅度保持在低于 2 ℃的水平上，这条道路我们只走过了一半，还有更为艰难的下半程，地球恒温箱的开关还在我们手上。

说一说"气候事件排行榜"

伴随着国家的强大、气象科学的发展和科技的进步，天气预报越来越准确。但是防灾减灾的效果并不完全取决于天气预报的准确率。天气预报只是公众服务链条上的第一步。天气预报发出后，公众能不能理解，会不会应对灾害，都和气象知识的普及程度有关。从另一个角度来说，气象事业的发展也需要公众的理解和支持。

为什么要年年评选十大天气气候事件？

从2007年以来，中国气象局每年都举办"国内外十大天气气候事件"的评选，出发点就是打开一扇与公众互动的窗，更多地唤起公众对气象的关注，更好地为人民服务。

气象是科技型、基础性、先导性社会公益事业，是服务国家经济社会发展、护佑人民安全福祉的重要保障。气象部门承担着天气预报、气候预测、防灾减灾、趋利避害、服务大众等工作。经验表明，防灾减灾是全社会的事，需要方方面面的参与，并不是气象部门一家能包揽的事。准确预报预测天气气候，只是减轻或减少灾害的其中一环，是"第一道防线"。要想有效防灾减灾，还需要各个政府部门的联动以及社会公众对防灾减灾事业的理解、配合。可以想象，如果气象部门把预警信息发出以后，相关部门和社会公众不能正确理解，或者不知道应该如何应对，防灾减灾效果一定会大打折扣。

为什么要让公众关注十大天气气候事件？

　　全球科学界都非常担心气候变暖这个问题，但至今仍有不少人认为这是政府和科学家的事，离自己很远。若想让公众也认识到这个问题的严重性，关注它，主动去了解气候变化，以便公众能够配合科学界和政府共同落实适应和减缓气候变化的政策，需要有机会、有途径与公众交流。科学传播的实践证明，通过列举现实中出现过的、公众印象深刻或亲身经历的天气气候事件，对公众做一些"伴随式""体验式"知识普及工作，有事半功倍的效果。所以，气象部门每年会以广大公众可以广泛参与的形式,组织公众对国外和国内十大天气气候事件进行投票评比。

这是号召全社会共同参与国家应对气候变化战略，提升防御、应对灾害能力的有效方式。通过盘点一年之中的天气气候事件，公众、媒体可以一起回味这一年来我们遭遇了哪些影响重大的灾害天气，它们的前因后果是什么，与气候变化有什么关联，与我们日常活动有什么关系，我们能够做些什么，等等。例如，2020年评选出的国内十大天气气候事件前三位是长江中下游等地梅雨期及梅雨量均为历史之最、半个月内3个台风接连影响东北为历史罕见、历史首次出现7月"空台"；国外十大天气气候事件前三位是厄尔尼诺与拉尼娜前仆后继加剧气候异常不确定性、新冠肺炎疫情使全球碳排放减少但气候变暖脚步未止、东非多国强降雨引发洪涝灾害。这些都是公众印象深刻的天气气候事件。

每次的评选过程，都像一场双方需求的"见面"互动。通过吸引公众参与气象部门的科普活动，可以提升公众的防灾减灾意识，帮助公众了解天气气候事件发生的原因、变化的新趋势，以及这些天气或灾害发生时应该采取哪些应对措施。同时，评选过程中的问卷调查可以使气象部门了解公众对天气、气候的关注点是什么，以便将来推出更多有针对性的气象服务产品。

总之，只有气象科技进步和政府防灾减灾救灾力量联合起来，并结合百姓自我的防护能力，才能真正建立我们常说的"党委领导、政府主导、部门联动、社会参与"且具有中国特色的防灾减灾救灾机制。只有这样，天气预报的服务效果才达到最大化，真正实现我们所追求的普惠性防灾减灾的目标。

地球、气候与人类健康

一个地方的气候条件，决定了当地自然生态系统的基本格局。气候改变也会引起自然生态系统基本格局的改变，进而影响人类的生存。那么，气候主要从哪些方面影响人类呢?

气候"威胁"人类健康？

历史上，人类曾遇到许多灾难，瘟疫就是灾难之一。疫病的发生与病原、宿主、媒介有关。气候因素如洪涝、干旱、高温等，会影响病原、宿主、媒介的活跃程度。例如，洪水通常会引发霍乱和其他腹泻疾病流行；温湿气候易导致登革热流行；干旱使人类面临饥荒，营养不良会使个体免疫力下降，进而导致疾病流行。气候变化还会通过改变病媒生物环境适宜性、分布区域，导致传统的病媒生物性传染病发病范围扩大、发生频率增加，而且会导致新发病媒生物性传染病不断出现。

近年来，全球高温天气骤增，热浪带来了极大的健康风险，尤其是对老人、儿童以及身体病弱的人，更是一种致命危机。气候变暖，使紫外线风险增加，导致眼疾和皮肤疾病的发病率大大提高；使永冻土融化，古老的病毒复活；使全球过敏源增加，花开得早，花期变长，空气中充斥着花粉，使患有过敏症和哮喘病的人苦不堪言……这些都是气候对人类健康的威胁。

气候"塑造"人的长相和性格？

"一方水土养一方人"。低纬度与高纬度的人群、海边和内陆高原上的人群、东方与西方的人群，长相明显不同，大家都认为这是人种不同造成的。如果对照一下全球气候带的分布，赤道附近的人，皮肤黑、脖子短、头小、鼻子大，这种长相是不是为了抵御酷热或者散热快？高纬度地区的人，皮肤白，鼻梁高且带有一定的弯曲，头大且圆，脸平，这种长相是不是有利于保温或者减少散热？高原上的人，胸突、呼吸系统功能发达，肺活量比平原地区的大得多，这种长相是不是为了适应高原缺氧的气候？显然，"适者生存"的气候因素不能排除。

性格方面，长期生活于同一个地域的人，确实有一些共性。热带地区的人，室外活动时间长，个性多外向。相反，生活在寒带地区的人，大量时间必须生活在室内，人与人之间朝夕相处，形成了控制自己情绪的习惯，具有较强的忍耐力。在我国，南方人的"精致"、北方人的"豁达"不是也有明显的气候"分界线"吗！

气候还可能"消灭"人类？

地球上已经发生过五次"生物大灭绝"，起因可能多种多样，但结果都是气候出现了相关生物不能耐受的巨大波动，最终导致"生物大灭绝"。人们有理由担心，下一场气候大波动会不会使人类遭遇"灭顶之灾"。因为气候变化可以通过影响水资源、生态系统、粮食生产、基础设施，威胁人类的粮食安全和水安全，使食物短缺，卫生系统和社会保障系统无法正常运作甚至瘫痪。这对世界上最贫穷、最脆弱的那部分人群，影响更加严重。

更令人不安的是，即便气候的变化是缓慢的，它同样会造成植物带违反常规地重新分布，比如"南橘北枳"可能变成"北橘南枳"、北方的"麦浪滚滚"变成"稻浪滔滔"。如果气候异常变化足够持久的话，甚至可能使动植物生物链发生不可逆转的改变，后果难以预料。如果植物提前开花，那么蜜蜂孵化幼虫的时候就没有足够的食物，这将使蜜蜂逐渐灭绝。同时，植物失去了蜜蜂这样的授粉者，也无法完成繁殖，必然消亡。也就是说，因为气候变化，昆虫和植物有可能消亡。没有动植物，人类当然也不可能独自存在于这个星球。而且，一旦气候变化，为了争夺跨国水资源、粮食资源，战争就不可避免。

总之，对人类而言，气候变化会通过多种途径施加影响。所以，地球虽然孕育了自然与人类，但她并非无限包容，也没有我们想象中那样富有。人类取之于地球的资源终有限度，而人类损害地球，地球也是会报复的。这值得全世界每一个人思考、警醒。

太阳 地球生命之源

太阳为地球上的一切生命提供能量。它驱动着大气、洋流和水文循环。它塑造了我们的情绪和日常活动。它是音乐、摄影和美术的灵感源。

太阳和地球生命有多少关联？

太阳的直径约为 139 万千米，是地球的 109 倍。太阳的核心温度约为 1500 万℃。太阳表面即我们可以看到的部分，温度约为 5500 ℃。没有太阳稳定的光和热，地球上的生命将不复存在。在超过 45 亿年的时间里，这个发光发热的等离子球一直是地球上天气、气候和生命背后的驱动力。

太阳的热量使我们的星球上存在液态水成为可能。同时，太阳又为地球上的水文循环提供了动力。水不断蒸发至大气中，随着高空气流传输到各处，然后再落回地球，周而复始。地球上所有的生命，自诞生起就在利用太阳能。除了索取生存必需的太阳能，人类还发明了很多需要利用太阳能才能做出来的食物，譬如肉干、鱼干、果菜干、酱品，还有粮食做成的米粉、腐竹等，它们都是"晒出来的美食"。

有句谚语说，"冬晒太阳，胜喝参汤"。现代医学发现，人的精神状态存在季节性变化，而这种变化与日照时长相关。阳光会刺激血清素产生，而血清素可直接影响我们的人体感受。冬季是焦虑、自杀等现象和事件高发的季节。此时增加日晒，有助于调节情绪，提升愉悦感。晒太阳可以算得上是缓解抑郁症的天然药物。

太阳活动如何影响气候？

在我们生活的环境中，天气与气候的分布是受太阳影响最直接的结果。地球表面能接收多少阳光，取决于太阳的输出、高度角和地球围绕太阳的轨道的周期性变化、大气吸收或反射回太空的阳光量。

太阳活动影响气候是一个复杂的过程，简单来说，主要通过四种途径进行。一是太阳活动引起太阳辐射变化，接着影响地表温度分布不均，然后引起大气环流变化，最终影响天气气候变化。二是太阳活动引起地球大气电离程度变化，导致大气经圈环流发生改变，从而引起天气气候变化。三是太阳活动引起紫外辐射变化，臭氧层也跟着发生相应变化，从而引起平流层热状况变化，最终天气气候也出现变化。四是太阳活动引起地球磁场变化，从而影响地球自转速度，进而引起大气和海洋环流发生变化，最终导致天气气候变化。这些都是非常复杂的过程，还有很多未知之谜等待大家去探索。

不过，不管通过哪种途径，太阳影响地球气候变化的最根本原因都是太阳辐射的作用。正因为有了太阳提供热量，地球上才出现了适宜人类居住的生态环境；正因为太阳辐射分布不均，地球上才形成了多样化的气候；正因为太阳轨道和地球状态变化，才有了春、夏、秋、冬四季轮替和风、霜、雨、雪万紫千红的自然景观。

息息相关的气候与水

探索外太空时，一个星球上有没有大气层和水，是判断这个星球是否适合人类生存的首要条件。地球之所以适宜人类居住，关键在于地球有一层薄薄的大气层，有适宜的温度和充沛的液态水，它们共同构造了适宜地球生物生存繁衍的气候系统。

水支撑了气候系统？

气候系统是由水圈、岩石圈、冰冻圈、生物圈、大气圈五个主要部分组成的高度复杂的系统，而大气圈、水圈、冰冻圈都涉及水。可见，水在气候系统中有着多么重要的地位。

由于水的比热容大，它在夏季储存的热量可以调节中纬度地区冬季的温度。水汽的红外辐射特性，使其成为大气向太空进行能量散逸的主要载体，水通过影响能量交换过程与相关动力学过程，成为控制自由大气温度的主要因素。

在太阳辐射不均形成的大气环流的驱动下，大气环流和水循环像是人体的血液，成为维持地球生态能量和营养的重要因素。譬如，地球热量交换有水的功劳，地球恒温有水的功劳，洋流是气候的调节者，海陆差异是季风形成的主要原因。

同时，水还决定了自然生态系统的基本格局。如我国200毫米、400毫米和800毫米年降水量等值线分别对应我国气候上的干旱区与半干旱区、半干旱区和半湿润区、半湿润区与湿润区的分界线，也被称为"生态线"。

毫无疑问，水，支撑了气候系统。

气候也影响了水？

水支撑了气候系统，反过来，水受气候变化的影响也是最直接的。大量观测证据表明，过去100多年来全球气候显著变暖，并在不同空间尺度上影响着水的变化。极地和山区的冰川和积雪减少，冻土融化，海平面加速升高，洪涝、干旱以及其他水异常现象频发。气候变化使多种生态系统面临生物多样性减少的威胁。《2019年全球气候状况临时声明》称，以2019年为节点，过去十年来全球异常高温、冰川消融和海平面上升等均达到创纪录水平。由湖泊、湿地、水库、河流以及地下水里的生物群及其非生物环境所组成的淡水生态系统，受到人类活动的

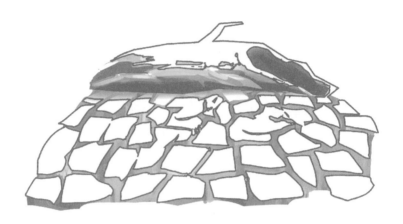

严重影响。1970—2000 年，淡水中物种的种群减少了 50%，远大于海洋物种和陆地物种的减少量。

由于升温加快了蒸发速率，气候变化正导致水文循环加速。蒸发率和降水率有所上升，但分布不均。有些地区的降水量可能高于正常水平，而另一些地区会因为传统雨带和沙漠出现位置偏移而多发干旱。和水密切相关的干旱，从古到今都是人类面临的主要自然灾害。自 20 世纪 70 年代以来，遭受旱灾的土地面积增加了一倍。目前，干旱是世界上造成损失最严重的自然灾害之一，每年造成 60 亿～ 80 亿的经济损失，受灾人数超过其他类型的灾害。水资源短缺日趋严重，干旱化趋势已成为全球关注的问题。

气候变化影响满足人类基本需求的水的供给、质量和体量。世界许多地方季节性降水形态正变得愈发不稳定，影响着农业和粮食安全以及数百万人的生计。高山冰川的退缩会改变下游的水量和水质，影响农业和水力发电等许多行业。大多数河流和淡水水体都是跨边界的，一个国家关于水资源管理的决策通常会影响到其他国家。因此，水资源成为地区冲突的潜在根源。

气候变化会导致全球暴雨和洪水风险增加,会加速全球海平面上升,会影响陆地和淡水生态系统(包括湿地)的组成结构导致其功能出现突然和不可逆的区域尺度变化。随着全球温度上升,冻土范围也肯定会持续减少。极地冰盖存储了地球上约 75% 的淡水,气候变暖导致极地冰盖融化。如果这些水都流入海洋,加上海水本身受热膨胀,海平面将上升几米至几十米,使一些海岛国家被淹没在海平面之下。

在气候变暖背景下,水温升高和溶解氧减少会影响水质,导致淡水流域水体的自净能力下降。洪水或干旱期间污染物的聚集会增加水污染和病原体污染的风险。疾病、经济损失和水资源紧缺会导致穷人流离失所,还会严重影响人的身心健康。

中国是全球气候变化的敏感区和影响显著区之一,同时水资源时空分布不均,水土资源不匹配,这些特点导致中国水旱灾害发生频率高,水资源供需矛盾突出。

地球水量巨大,然而适宜人类和依赖淡水生存的众多动植物使用的仅占一小部分,能够孕育海洋以外所有生命的淡水尚不及地球总水量的 1/100,而且这些淡水分布并不均匀。一个世纪以来,人类的用水量增加了 6 倍,并仍在以每年 1% 的速度增长。

气候变化和水资源短缺,促使人们更全面地研究气候、水循环与水资源之间的关系。世界正面临着越来越大的水资源压力以及洪水、干旱和无法获得清洁供水的挑战。水将成为地球上最昂贵的商品之一。人们迫切需要改进供水预报、监测和管理,应对水资源超量、稀缺或过度污染等问题。

静静的冰冻圈

地球的两极永远是寒风凛冽、冰天雪地。虽然绝大多数人都没有去过极地，但却不能说它与我们无关。

遥远的极地和我们有什么关系？

作为地球气候系统五大圈层之一，冰冻圈主要分布在地球两极和中低纬度的高山地区，在气候系统和气候变化中扮演着重要角色。因此，极地温度对于全球的影响力也许比我们想象中要大得多。甚至可以说，极地温度就像一个遥控器，控制着地球上其他地方的"恒定"温度。如果极地温度长期处于非正常状态，地球气候的"健康水平"就会下降了。

卫星数据显示，北极的浮冰正在加速消融、减少。冰越来越少，意味着地球能够反射到太空的阳光变少了，也意味着更多深海海水被暴露出来去吸收阳光而变暖，地球会变得更暖，冰会融化得更快，而且很难恢复，如此往复，会放大全球的温度变化情况。

冰冻圈包括哪些？

冰冻圈，顾名思义是低温冷冻的圈层，又叫"冰雪圈"，是指地球表层连续分布的且具一定厚度的负温圈层，圈内的水体一般处于冻结状态（雪和冰）。在陆地表层，冰冻圈分布于地面及地面以下数十米至数百米，包括冰川（含冰盖）、冻土（多年冻土和季节冻土）、积雪、河冰、湖冰等，属于陆地冰冻圈。在海洋上，冰冻圈分布在水面上下数米至数百米，以及大陆架向下数百米范围内，如海冰、冰架、冰山和海底多年冻土等，属于海洋冰冻圈。有科学家认为，冰冻圈还应当包括大气圈 0 ℃ 线高度以上的对流层和平流层内部分，如雪花、冰晶等冻结状水体，属于大气冰冻圈。不论怎么说，地球高海拔和高纬度地区是冰冻圈发育的主要地带，在垂直方向上看，冰冻圈覆盖了从海面以下数百米到对流层中高层。

冰冻圈还是地球上最大的淡水资源库。冬季，大雪覆盖了北半球逾40% 的面积，到处都是白茫茫一片。春夏来临，冰雪开始消融，积雪层融化后转变成的液态水会再次充满水库和地下蓄水层。如果冬季没有足够的降雪量，就没有足够的淡水储备量，会使湖泊萎缩、作物产量减少、沙漠化面积增大。

假如冰冻圈融化会怎样？

冰冻圈已经存在很久很久了，静静地呵护着地球上的生物。如果全球持续变暖，两极和高山区的冰雪大都融化了，地球上的水汽分布就会发生变化，海平面也会上升，这将影响河流径流，并带来雪崩、滑坡、冰湖溃决洪水、冻土融沉等众多局地灾害。未来高山区和极地的基础设施、文化、旅游和娱乐资源面临的风险将增加。随着冰川面积减小，冰川融水量必然会在某一时段减少。如果它真融化光了，下游就没水了，那么就会导致干旱。由增到减的拐点在哪里，是人们关注的焦点，因为如果这个"水塔"没了水，那会带来无尽的麻烦。

2014 年 5 月至 2019 年 5 月，全球平均海平面上升速度达到了 5 毫米 / 年，这比 1993 年以来 3.2 毫米 / 年的平均速度大了很多。从气候角度看，冰川融化可能有诸多坏处，但是如果从短时期经济利益看，冰川融化后有

可能开辟出新的疆界、新的北极航线，全球的沟通可能更加迅捷。现在我们对那些地区的气候知之甚少，如果不提前研究，就会错失机遇。同时，冰冻圈融化的冷水效应可以改变高纬度大洋的温度，而其淡水效应也可以改变海水盐度，甚至减缓或者终止海洋中的温（热）盐环流，从而改变气候——就像电影《后天》中所描述的那样。所以，在考虑整个冰冻圈和地球气候关系时，我们还要注意它的间接影响。

目前，高海拔、高纬度的永久冻土区覆盖了北半球 25% 左右的区域。冻土融化会导致地面上的建筑物坍塌、道路断裂，植物也会被连根拔起。2020 年 5 月 29 日，俄罗斯北极圈内的工业城市诺里尔斯发生 2 万吨柴油泄露的事故。事故原因就是永久冻土层变暖后，油罐下方的支撑架下陷，导致油罐底部受到冲击而破裂。

更值得关注的问题是，冻土融化时会释放大量的甲烷等温室气体，阻碍大气中热量的散发，继续加剧全球变暖。同时，若解冻过程足够温和，许多被冰雪冻土封存已久的细菌和病毒都能存活下来，"复活"后可能再度感染人类。

因此，冰冻圈看似无声无息且离我们很遥远，却对我们影响至深，不能不引起我们的关注。科学界把两极和冰川的变化作为地球温度变化尺度的放大器或放大镜，通过观察它们的变化去发现中低纬度相对偏热地区的微妙变化。

自然界的变化是人类阻挡不了的，但我们也要从中找出原因。如果是人类行为的偏差造成了这种变化，那就要纠正人类的行为。中国科学院院士、冰川学家和气候学家秦大河曾说："人类既是地球文明创造者，也是地球气候环境和资源破坏者。"在这种情况下，人类如何才能有目的地建立生存保障机制，实现可控的持续发展，才是我们要特别关注的。

厄尔尼诺 一种重要气候现象

厄尔尼诺是一种气候事件的名字。"厄尔尼诺"一词源于西班牙语，意思是"圣婴"，最初是指秘鲁沿岸海水异常增暖的现象。随着科学界对整个热带太平洋海温变化热状况的了解，现在厄尔尼诺已经不再特指南美沿岸的局部海水增暖现象，而扩展为指发生在赤道太平洋中东部的海水大范围持续异常偏暖现象。

厄尔尼诺事件的标准是什么?

当赤道中东太平洋海水表面温度持续3个月以上比常年同期偏高0.5 ℃,表明已进入"厄尔尼诺状态";当海水表面温度持续6个月以上比常年同期偏高0.5 ℃,则确认为一次"厄尔尼诺事件"。厄尔尼诺事件一般每2~7年发生一次,而且随着全球气温的上升,频次有越来越多的趋势。

厄尔尼诺可以引起世界气候规律的紊乱,具体来说,就是可能打乱亚洲的季风规律。例如,厄尔尼诺会导致一些由干旱气候控制的沙漠地区下过多的雨,而原本湿润气候带控制的多雨区域却出现降水量减少或严重干旱现象,甚至会给部分高纬度国家带来异常灾害性天气。从大气能量的角度看,厄尔尼诺的出现是大气为维持其能量收支平衡的一种自我调整过程。

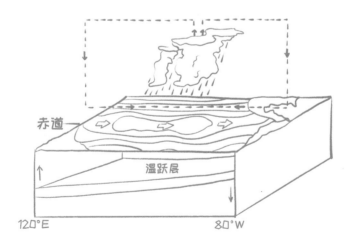

厄尔尼诺对我国有什么影响？

厄尔尼诺虽发生在距离我国比较遥远的东太平洋，但仍然会通过大气环流的变化影响我国的天气气候。厄尔尼诺对我国的影响主要有四个方面。一是厄尔尼诺事件发生当年冬季，我国北方容易出现暖冬。据统计，近50年80%的厄尔尼诺年我国出现了暖冬。二是次年我国南方包括长江流域和江南地区容易出现洪涝。据历史数据统计，大多数厄尔尼诺年次年中国夏季主要雨带都出现在淮河以南地区，比如1998年夏季长江流域发生大洪水。三是当年台风生成及登陆个数均比正常年份少，在大多数厄尔尼诺年，台风（包括热带风暴、强热带风暴、台风、强台风和超强台风）有20～26个，登陆个数仅为3～5个，比多年平均明显偏少。四是次年我国东北地区冷空气活动势力往往会加强，导致我国东北夏季气温异常偏低，形成低温冷害，造成粮食减产，比如1976年东北出现严重夏季低温冷害。不过，厄尔尼诺和东北冷夏并不是一一对应的关系，比如厄尔尼诺极强的1997年，东北夏季气温反而异常偏高，说明厄尔尼诺可能并不是东北冷夏的唯一影响因素。

不少气象学家认为，厄尔尼诺出现与否是反映中国天气气候会不会出现异常的一个强信号。但是，我国天气气候还受其他因素的影响，比如极地海冰、青藏高原积雪的变化等。不应简单地把任何气候异常都归结为厄尔尼诺的影响，不能说厄尔尼诺发生后必然对中国气候产生某种特定的影响，也不能简单地将灾害天气发生归咎于厄尔尼诺。

总之，我们了解厄尔尼诺的来龙去脉，认识它曾经造成的灾害，是为了重视它可能带来的反常气候对我们生产、生活的影响，从而用科学的态度和方法来应对它。

拉尼娜 圣婴与少女

2016 年 6 月"圣婴"厄尔尼诺走了，接着"小女孩"拉尼娜又来了。都说厄尔尼诺事件的确认有一个标准，那么拉尼娜事件的确认标准又是什么样的呢?

拉尼娜事件的标准是什么？

拉尼娜是指赤道太平洋东部和中部海面温度持续异常偏冷的现象。泛泛来讲，判断是否发生了拉尼娜现象，就是看特定区域海水温度偏低的幅度是不是达到了特定的温度阈值，而且这种温度偏低的情况是不是已经持续了一定的时间。但即使赤道太平洋东部和中部海面温度确实持续异常偏冷了一段时间，也不能说发生了拉尼娜事件，而只能说进入了拉尼娜状态（现象）。拉尼娜状态和拉尼娜事件是有区别的。"状态"是指"有苗头了"，但还没有"成型"，直到达到"正式"标准以后，它才能正式成为"事件"。拉尼娜的确定标准是赤道太平洋东部和中部海面温度大范围持续异常变冷，连续 6 个月以上比常年同期偏低 0.5 ℃。

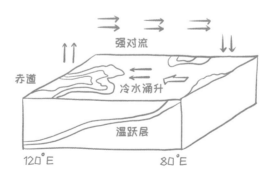

厄尔尼诺和拉尼娜经常"捆绑"出现？

厄尔尼诺／拉尼娜是指赤道中东太平洋海面温度异常偏暖／冷的现象，但并非厄尔尼诺结束后一定会接着发生拉尼娜，毕竟也有海温正常的年份。有时厄尔尼诺结束后，海温恢复正常，并持续几年时间也没有出现拉尼娜。当然，厄尔尼诺结束后立即出现拉尼娜的情况也有。据统计，这种情况大概占全部厄尔尼诺事件的 1/3。拉尼娜每 3～5 年发生一次，但是也有间隔超过 10 年的，还有连续两次拉尼娜的，比如 2021 年。1951—2019 年，一共发生了 20 次厄尔尼诺事件和 15 次拉尼娜事件。

拉尼娜会带来哪些影响？

拉尼娜的形成也是非常复杂的，而且拉尼娜带来不利影响的不确定性比厄尔尼诺更大。这是因为，厄尔尼诺发生后对应的气候异常"信号"比较明显，越强的厄尔尼诺，随后对应出现的现象越有迹可循，如旱涝分布的变化、降水量分布的变化等大多能被预报预警。但拉尼娜发生后

对应的气候异常"信号"相对弱一些，对应的征兆也不如厄尔尼诺清晰，这使得人们不易判断拉尼娜发生后会带来哪些异常影响。

据统计，拉尼娜事件可能会引起我国高原积雪减少，亚洲季风增强，东亚阻塞高压减弱，西太平洋副热带高压偏弱、偏南，登陆我国台风个数比常年多，夏季雨带偏北，长江梅雨偏早，华北雨季偏强，春季降水偏少，秋、冬季降水北多南少，冬冷夏热，等等。拉尼娜事件还可能导致印度尼西亚、澳大利亚东部等地降水偏多以及非洲赤道地区、美国东南部等地出现干旱。

拉尼娜事件年我国一定是冷冬吗？

据统计，在出现拉尼娜事件年份，我国出现冷冬的概率较大。一方面，秋汛比较明显，秋天降水较多，阴雨天多，日照少。另一方面，大气环流的经向度（南北向）会加大，利于北方的冷空气南下，导致冷空气活动增多，冬天气温较往年偏低。当然，这只是拉尼娜出现后的通常情况，也有反例。例如，1998 年厄尔尼诺结束后，接着就来了拉尼娜，那一年我国就没有出现冷冬。

奇特的气象之谜

郑和是被什么风吹回来的

有人说，郑和下西洋时，船队是"乘"不同季节的信风下西洋和回国的，即东北信风去，西南信风归，真的是这样吗？

信风"守信"吗？

我们先来说说什么是信风。在赤道两侧的低层大气中，北半球吹东北风，南半球吹东南风，这种风的方向很少改变，年年如此，稳定出现，很讲信用，所以称为"信风"。信风带一般分布在南北纬5°～25°，并仅限于对流层下层。信风的形成与地球上存在的三圈环流有关。三圈环流是地球受太阳辐射和地球自转影响而形成的三个大气环流圈，在北半球自南向北分别是哈得来环流（又称"信风环流圈"或"热带环流圈"）、费雷尔环流（又称"中纬度环流圈"）、极地环流。事实上，三圈环流只是大气环流的"概念"模式，真实的大气流动状况要复杂得多。

信风出现在哈得来环流区域，也就是赤道与南北纬30°之间的区域。在太阳的长期照射下，赤道受热最多，赤道近地面空气受热上升，在高空形成相对高气压带，在近地面形成赤道低气压带，高空高气压向南北（极地）两方高空低气压方向移动，由于受到地转偏向力的影响，在南北纬30°附近偏转，与等压线平行，大气在此处堆积，被迫下沉，在近地面形成副热带高气压带。此时，赤道低气压带与副热带高气压带之间产生气压差，气流从副热带高气压带流向赤道低气压带。在地转偏向力的影响下，北半球副热带高压中的空气向南运行时，空气运行偏向于气压梯度力的右方，形成东北风，即东北信风。南半球形成东南信风。由于赤道和高纬度的温度差异是长年存在的，所以信风也是"守信用的"。

郑和下西洋乘的是季风还是信风？

再来说说什么是季风。季风是由太阳对海洋和陆地加热差异形成的陆地与邻近海洋之间大范围盛行风向随季节有显著变化的风系。也就是说，在大陆和海洋之间，风会大范围地随季节有规律地改变风向，这就是季风名字的由来。以一年为周期，夏、冬季节盛行的风向存在大范围的逆反现象，分为夏季风和冬季风。

全球有1/4的地区受季风影响。夏季，太阳辐射同时加热陆地和海洋，陆地比热容小，增热比海洋剧烈，因此陆地温度高、气压低；而海洋比热容大，加热缓慢，因此海面比较冷、气压高。于是，就会产生从

定真气象科普丛书
冷暖更迭——探秘身边气候

海洋（高压）指向陆地（低压）的水平气压梯度。在水平气压梯度作用下，空气便会从海洋吹向陆地，再升到高层流回海洋，构成了夏季的季风环流。此时，我国多为东南季风和西南季风，海上吹来的夏季风特别温暖、湿润。到了冬季，陆地迅速冷却，海水却降温缓慢，因此海水比陆地温度高，大陆会形成冷高压，海洋上为热低压。在这种水平气压梯度力的作用下，低层气流由陆地流向海洋，再升到高层流回陆地，形成冬季的季风环流。此时，我国多为西北、东北季风，冬季风十分干燥寒冷。我国南方和南海、北印度洋在纬度上本属于东北信风带，但因海陆分布、青藏高原等原因也变成了季风区，即冬季为东北季风，夏季为西南季风。

季风随季节轮换，一年一个周期，所以郑和船队乘着季风才能实现七下西洋，去而复返。气象科普前辈林之光先生曾经断言："如果他们航行凭借的是风向永远不变的信风，那就不可能原路返回，只能去环游地球了。"

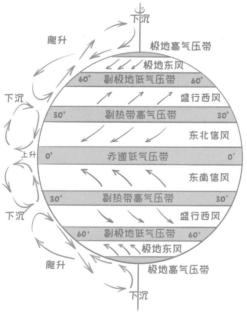

42

春天有个"熊孩子"

家长常常把变化无常、难以管控的孩子称为"熊孩子"。春天，我国很多地方会出现忽冷忽热、忽晴忽雨的情况，譬如气温一下子蹿到 30 ℃以上，一下子又迅速下降到只有 15 ～ 16 ℃。短短几天内，气温相差近一倍，像弹簧一样跳上跳下。这样的自然界"熊孩子"是怎样养成的呢？

春天为什么是"孩儿面"？

人们常说"春天孩儿面，一天变三变"。这种"抱怨"形象地反映了我国春季天气变化多端、反复无常的特点。用气象专业术语解释，这是因为春季处于冬季风向夏季风过渡的时期，此时东北风减弱，中高纬度环流变得比较平直，波长比较短的小槽（好比上下甩动跳绳时远端摆动起伏比较小的部分）一个接一个，天气系统的移动十分频繁，冷空气虽没有冬季的强盛，但是一拨一拨来去匆匆，所以温度时高时低。若冷空气在移动过程中与暖空气交汇，就会出现时晴时雨的现象。阴雨、大风常常会将"春暖花开"的气氛一扫而光。而一旦雨过天晴，气温又会很快上升。

同时，在春季回暖的进程中，因太阳辐射增强，近地面空气会急剧升温，但高空的气团还没有被快速"加热"，或者正好遭遇小槽东移带来的冷空气，高、低空气团就容易形成上冷下暖的格局，冷、暖空气发生强烈的上下对流。这种冷、暖相遇的强对流，恰恰是引发雷阵雨甚至冰雹天气的必备条件，所以春季晴好天气的午后至傍晚特别容易出现雷

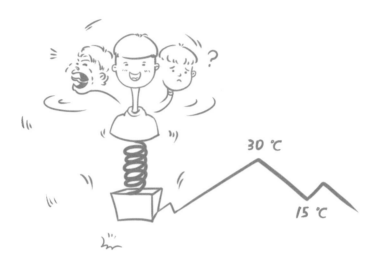

阵雨天气。总体来说，春季，冷空气和暖湿气流来回路过，造成了晴雨交错，进而导致地面气温像弹簧一样上蹿下跳，"一天变三变"就不足为奇了。

除了晴雨、气温变化快之外，正处于大气环流调整期的春季，大风天气也会增多。

"春捂秋冻"有道理吗？

面对春天"孩儿脸"般的天气，传统养生保健的观念里有"春捂秋冻"的说法。这种说法是有科学道理的，我们应该遵循。中医认为，初春时节气温变化较大，乍暖还寒，如果不注意保暖，寒邪就容易侵入身体，从而影响阳气的生发。因此，初春时节一定要注意保暖，不能过早脱下厚衣服。特别是对体弱的老人、孩子和慢性病人来说，更应该捂一捂再逐渐减衣，一步步从冬天的着装过渡到春天的着装，让身体机能逐步适应环境变化。

"春雨贵如油"还是"春阳贵如金"？

春天还有一句大家十分熟悉的谚语——"春雨贵如油"，这反映了春季农业生产的宝贵经验和热切期盼。进入3月后，土壤解冻，小麦返青，春季作物由南向北播种。如果此时降水偏少，旱象就会明显地反映出来，形成春旱。所以，多下几场春雨，是农民们最盼望的事。但这句谚语其实只适用于黄河流域及以北地区。

在南方，尤其是长江中下游地区，是一点也体会不到春雨的珍贵的。进入3月后，江南通常也就进入了阴雨绵绵、难见晴天的时节。此时温度不高，雨又下个不停，潮湿阴冷的滋味十分难挨。种水稻的南方农民也很害怕春季低温又多雨的天气，因为这种天气容易导致水稻烂秧。所以，在长江中下游地区，应该是"春阳贵如金"。

任性的"倒春寒"

倒春寒的"春"是指气象意义上的春,所以倒春寒发生的时段很宽,在 3 月至 5 月之间,几乎涵盖了整个春季。

什么是气象意义上的"春"?

根据 2012 年出台的气象行业标准,春季的划分指标为日平均气温或滑动平均气温大于等于 10 ℃且小于 22 ℃。其中,滑动平均气温值是以计算时当天和前 4 天这 5 个数据为一组求取的平均值,该计算方法与其他方法相比要更严谨一些,可以在一定程度上过滤掉气温波动的影响。当滑动平均气温序列连续 5 天大于等于 10 ℃,则从计算这 5 天滑动平均值所对应的 9 天实测日平均气温数据中,选取第一个达到入春指标的日期,作为春季起始日。

倒春寒究竟是怎么回事?

当气候学所说的候(5 天为一候)平均气温已经超过 10 ℃以后,也就是气象意义上入春以后,再次出现强冷空气,导致日平均气温下降到 12 ℃以下、连阴雨 3 ~ 5 天,或导致气温短时间内急剧下降且日最低气温降到 5 ℃以下,这样的冷空气过程就叫"倒春寒"。

倒春寒是针对作物可能遭受伤害的农业气象灾害预报项目。由于我国各地气候不同,种植作物不同,影响作物生长的气象要素阈值不同,各地倒春寒对应的标准也有所不同，视当地具体情况而定。例如，湖南、云南都有自己的倒春寒指标。在南方，农业上常用的倒春寒气象指标是日平均气温降到 12 ℃以下，并持续 3 ～ 5 天。而在北方，许多地区春季降温后，日平均气温常常低于 12 ℃，已经达到了南方地区倒春寒的标准，但北方作物耐寒性强，不至于受冻害，所以算不上倒春寒。对西北、华北、黄淮地区而言，日最低气温低于 2 ℃才会出现倒春寒天气，这时冬小麦和适合北方种植的果树、蔬菜等可能会遭受冻害。因此，倒春寒不能仅从名字上理解为春天来了以后又突然转冷的天气现象。当我们把一次冷空气过程称作倒春寒时，必须注意两点。首先，不是所有立春节气以后的冷空气都叫倒春寒，倒春寒需要达到一定的气象标准；其次，倒春寒特指能够对农作物形成灾害的强降温天气。

倒春寒发生时，因为短时间气温变化幅度大，会给人体带来强烈的感官刺激，损害体质较弱者的身体健康。这也是传统养生观念非常重视"春捂"的重要原因。进入春季后不可过早脱去冬衣，老人、儿童、慢性病患者等免疫力较低的人更要注意倒春寒对健康的影响。

倒春寒对农作物有哪些影响？

倒春寒发生时，天气不但寒冷，而且阴雨连绵。在北方，它会影响花生、蔬菜、棉花的生长，甚至造成小麦死苗；在南方，它主要会造成育秧期的早稻烂秧。

如果早稻还在育秧期，为了防御倒春寒的危害，应在降温天气来临前，加固早稻育秧棚膜，有条件的地区可以覆盖双膜保温护苗。同时，在降温前适当喷施磷肥，增强稻苗抗逆性，防止水稻烂种烂秧。还应注

意对早稻秧田进行科学排灌，在倒春寒到来时进行深水护秧，采取"夜灌日排""晴排雨灌"等措施，调节秧田水热状况。

春季天气回暖，怎会出现"倒春寒"？

倒春寒这个现象并不罕见。每年3—5月是春季，这三个月，气温不会一直偏高，也很难一直偏低，气温总是阶段性地呈现"偏低、转偏高、再偏低"波动。受较强冷空气侵袭，春季时我国中东部地区常常出现大范围降水，伴随而来的是自北向南气温骤降。从我国的气候特点来看，大部分地域夏季全部由夏季风占领，冬季则全部由冬季风占领，而春季属于过渡季节，冬、夏季风会交替占领，气温忽高忽低，倒春寒就会不时地出现。由于南方先于北方进入气象意义上的春季，初春冷空气对南方的影响更加明显，倒春寒发生的频率高一些，所以南方人对倒春寒的感受更为深刻。

"前汛期"可不只是"汛期"之前

　　我们经常说的"汛期"，大家通常认为就是气象上的多雨期，但实际上这种认识并不完全正确。汛期并不特指降水特别多的时期，而是指在一年中因季节性降雨、融冰、化雪而引起的江河水位有规律地显著上涨时期。所以，北方地区刚开春时，冰河解冻，河流水位上涨，以及碎裂的冰凌堵塞河道，导致河水满溢，这些都属于汛情。根据洪水发生的季节和成因不同，汛期一般分为四种：夏季暴雨为主产生的涨水期称为"伏汛期"；秋季暴雨（或强连阴雨）为主产生的涨水期称为"秋汛期"；冬、春季河道因冰凌阻塞、解冻引起的涨水期称为"凌汛期"；春季北方河源冰山或上游封冻冰盖融化为主产生的涨水期以及南方春夏之交进入雨季产生的涨水期称为"春汛期"。

　　在黄河上，由于上游开河的凌洪传到下游，正值桃花盛开的季节，故又称春汛期为"桃汛期"。因为伏汛期和秋汛期紧接，连续性的强降雨产生的径流是形成大洪水的重要原因，一般把二者合称为"伏秋大汛期"，通常简称为"汛期"。

什么是华南前汛期？

　　我国夏季降水，尤其是强降水，深受印度洋和西太平洋夏季风的影响，大范围的雨季开始于夏季风的暴发，而结束于夏季风的撤退。华南地区有一个"前汛期"，指我国进入"主汛期"之前的汛期。通常，夏

季风在 3 月初影响我国华南沿海，然后以渐进或者急进两种方式向北推进。从 4 月到 6 月上半月，我国陆地上的主要降雨带徘徊在南岭以南地区，由于强降水造成了江河水位的规律性上涨，所以通常把华南地区 4—6 月的多雨时期叫"前汛期"。因此，前汛期就是夏季风最早影响我国，造成当地江河水位规律性上涨的时期。对于华南地区来说，这一时期的降水量至少占全年降水量的 50%。随着夏季风的加强和北进，6 月下半月，季风雨带才移至长江流域。

由此看来，"前汛期"的"前"，指华南地区汛期开始时间的"靠前"，是相对我国其他地区而言的。华南前汛期从 4 月开始，整个汛期到 9 月结束。而江淮流域，汛期从 5 月或 6 月开始，也在 9 月前后结束。所以，所谓"前汛期"，是指开始比较早的汛期，而不是"汛期提前"。华南汛期是我国汛期的起点，然后随着雨带慢慢北抬，各地陆续进入汛期。最后，雨带北抬到黄河流域后，再南落，完成一个周期，我国一年的主汛期也随之结束。

华南前汛期开始时间有前有后？

据统计，华南前汛期平均开始时间是 4 月 6 日。也就是说，华南地区通常在 4 月 6 日入汛。但这只是一个气候平均值，或者说是一个气候的正常分布规律，不同年份的入汛日期会有前有后。比如 2016 年，3 月 21 日就入汛了，提前了半个多月，而且暴雨频发。为什么会有前有后呢？这要从我国夏季降水的成因说起。

我国位于世界上著名的季风气候区，冬半年盛行东北季风（冬季风），夏半年盛行西南季风（夏季风）。夏季，低纬度海洋上暖湿的夏季风伴随着西太平洋副热带高压的季节活动，沿其西北侧进退，与来自西伯利亚的北方干冷空气交锋，在交锋的区域中常形成绵延数千千米、宽数百千米的季风雨带。

每年从春季开始，随着副热带高压移动，暖湿空气势力逐渐加强，从海上进入大陆，最先到达华南地区，后进一步增强北抬。到了初夏，季风雨带往往伸展到长江中下游地区，有时还可到达淮河及其以北地区。这条雨带常常出现短时间内小幅度南北摆动的现象，即当冷空气加强时，它稍微南移；当暖空气加强时，它又重新北抬。当雨带在南北方向做小幅度摆动时，雨带附近的地区就会出现时晴时雨的天气。同时，在这条雨带上，还不时有一个个低涡发生、发展、移动，低涡移动路径附近常常出现大雨或暴雨天气，形成流域汛情。

对于华南地区来说，前汛期暴雨频繁有多种原因。一是夏季风输送了大量水汽，形成了锋面系统，由此产生了降水、强降水。二是华南的地形有利于暴雨形成和加强。暴雨最多、最强的地方大多位于山脉的迎风坡，因为迎风坡能抬升暖湿气流，有利于产生并增强降水。华南地形复杂，北部是山脉众多的山区，非常有利于暴雨形成，也容易形成径流抬升江河水位。

梅雨 流连忘返的黄梅天

"梅雨"是古代诗人常常吟咏的意象，"黄梅时节家家雨……闲敲棋子落灯花"饱含清新闲适的诗意，尤其让北方的朋友向往。但是，南方朋友的感受却完全不同。

初夏时节，我国江淮流域一带经常出现持续时间较长的阴沉多雨天气。此时正值江南梅子黄熟之时，"一川烟草，满城风絮。梅子黄时雨"，因此这段时间的雨被称为"梅雨"或"黄梅雨"。此外，由于这一时期空气湿度很大，极易造成器物发霉，这种雨也被叫作"霉雨"。南方朋友通常把这样的天气称作"黄梅天"。

梅雨季的高温潮湿和持续阴雨让很多人都无法忍耐，每每前脚刚"入梅"，很多人就盼着赶紧"出梅"了。

为什么有黄梅天？

每年随着季风变化，暖湿空气势力从春季开始逐渐加强，从海上进入我国大陆，与从北方南下的冷空气相遇，冷、暖气流交界处会形成锋面，锋面附近会产生降水。冷、暖气团强弱不同，如果冷气团势力比较强，冷气团主动推动暖气团，则称为"冷锋"，云雨区会随着冷空气向南移动；如果暖气团势力比较强，则称为"暖锋"，云雨区会随着暖空气向北移动；若冷、暖气团势力相当，锋面移动很慢，则称为"准静止锋"。事实上，锋面不可能绝对静止。准静止锋期间，冷、暖气团同样是互相斗争着，有时冷气团占主导地位，有时暖气团占主导地位，使锋面来回摆动，雨区也就随之"跳动"。

初夏，在我国长江中下游地区，一方面暖湿空气已经相当活跃，另一方面从北方南下的冷空气还有一定势力，于是冷、暖空气在这个地区对峙争雄，形成一条稳定的锋面降雨带。这条雨带南北宽两三百千米，东西长达 2000 千米左右，横贯长江中下游一带，向东甚至可以一直伸展到日本，这就是梅雨锋。梅雨锋与一般的锋面有许多不同之处。第一，这种锋面特别稳定。它不仅不像"冷锋""暖锋"那样有明显的移动性，

而且与一般可以停滞 3 ～ 5 天的"准静止锋"也不同，梅雨锋可以停滞几十天。第二，梅雨锋南、北两侧冷、暖空气性质上的差异，并非明显的温度差，而是空气的湿度差——来自南边海洋的空气湿度较大，与北边的干冷空气迥然不同。第三，梅雨锋降雨区在南北方向上很狭窄，不像冬春季节的锋面有十分宽广的雨区。

从大气环流形势来看，形成梅雨一般需要具备三种大气环流条件。一是在亚洲的高纬度地区对流层中部有阻塞高压或稳定的高压脊，大气环流相对稳定少变，继而维持锋面少动。二是中纬度地区西风环流平直，不会有强冷空气南压，频繁的短波活动为江淮地区提供一次次冷空气条件，从而形成一次次东移的低涡、气旋暴雨天气。三是西太平洋副热带高压有一次明显的西伸北跳过程，500 hPa 副热带高压脊线稳定在北纬 20°～ 25°，暖湿气流从副热带高压边缘"正好"输送到江淮流域。

长江中下游等地的梅雨季节从梅雨锋引起第一场暴雨开始计算。梅雨季节开始的那一天称为"入梅"，结束的那一天称为"出梅"，雨带停留时间称为"梅雨季节"。

"入梅"和"出梅"时间固定吗？

从气候常年平均值来看，每年一般 6 月中旬入梅，7 月上、中旬出梅。但现实中，"入梅""出梅"日期总是变化的。例如，1971 年，5 月 26 日就入梅了，比正常提前了半个多月；1982 年，长江中下游却直到 7 月 9 日才入梅。又如，1954 年，7 月底、8 月初才出梅。再如，2020 年，江苏淮河以南地区 6 月 9 日就自南向北先后入梅，比常年偏早，但却直到 7 月 21 日才自南向北出梅，梅雨期持续 43 天，为有气象记录以来第二长。

　　判断是否"入梅""出梅"，要看特定的大气环流形势的指标是否达到了标准，并且是否会持续下去，或者持续降雨是否开始终结。对于长江中下游而言，最重要的指标是西太平洋副热带高压脊线的位置，即天气图上西太平洋东西向的副热带高压几何中线在东经 120° 附近的位置。如果脊线到了北纬 20° 左右稳定住了，不再南移，那么这个时候就代表"入梅"了；等它跳到北纬 27° 左右并且稳定，就代表"出梅"了。

"倒黄梅""空梅"是怎么形成的？

　　有些年份，7—8 月出梅后，已北跳的高空西风急流和西太平洋副热带高压，会重新南退稳定一段时间。犹如两军对阵，战线向前推进后，阵地没有巩固住，又不得不暂时后撤。在这种情况下，我国东部的主要降雨带重新从黄淮流域南移到长江中下游，并在长江中下游停滞一段时间，再次出现连续降水，这就是"倒黄梅"。

　　有些年份，初夏，副热带高压到达华南沿海，长江中下游梅雨刚开始的时候，冷空气活动突然减弱，高空西风急流很快北跳，使得副热带高压在北移的路上畅通无阻，很快就提前控制了长江流域。在这种情况下，梅雨期就会很短，甚至让人感觉不到它出现过，这就是"空梅"。但有些年份，"空梅"的原因不是冷空气弱，而是副热带高压特别强，它北上控制长江中下游地区的时间比常年提早了很多，而且很稳定，长时间停留在本应该出现梅雨的长江中下游地区。在副热带高压控制下，这些地区反而会出现持续晴热的高温天气。在后一种"空梅"的年份，往往会出现大面积严重的干旱。

华北雨季 "七下八上"

我国位于世界上著名的季风气候区，冬半年盛行东北季风，夏半年盛行西南季风。夏半年，西南季风伴随着西太平洋副热带高压的季节性活动而沿其西北侧进退。夏季的降水主要受印度洋和西太平洋夏季风的影响。大范围的雨季始于夏季风的暴发，终于夏季风的撤退。暴雨强度和变率与夏季风波动密切相关。

华北的"七下八上"是什么意思？

"七下八上"，指 7 月下旬和 8 月上旬。一般 7 月下旬至 8 月上旬，影响我国的季风雨带在江南梅雨季后北移到黄淮及以北地区，冷、暖空气的交汇带北抬，影响华北，我国主雨带北移到黄淮、华北至东北中南部地区，因此这一时期是我国北方盛夏暴雨多发期，多雨区主要位于东北大部、华北、黄淮、江汉、西南地区北部、西北地区东部和中北部、东南沿海等地。据统计，华北地区 30 年（1951—1980 年）间 7—8 月的暴雨日数占全年的 85.7%，降雨量占全年的 1/3 左右。津冀地区大暴雨日也集中在 7 月下旬至 8 月上旬夏季风达到最北位置的时候，全年总降水量的 66% 都下在了这一时期。8 月中旬以后，雨带会迅速南撤和减弱。

"七下八上"这个时期，除了降水集中、雨量大且分布不均外，雷电、冰雹、大风等强对流天气也较常出现，而且还伴有各类次生灾害，如山洪、内涝、泥石流、山体滑坡等。所以，此时是北方一年中防汛防灾的关键时期。每年到这个时候，我国华北、东北地区的很多预报员心里都是"七上八下"的。于是，和天气预报员"七上八下"的心理状态对应的"七下八上"雨季状态，成为华北及黄淮地区主汛期形象的代名词。

"七下八上"也是西北太平洋上台风活跃的时期。尽管台风主要影响南方地区，但也曾有台风"造访"北方。一旦台风北上，对于鲜受台风影响的北方地区来说，防灾减灾救灾经验和公共基础设施的适应性等都将面临严峻的考验。

"七下八上"为什么会这么麻烦？

从大气环流形势来看，进入 7 月下旬，西北太平洋副热带高压开始季节性北抬，西南季风也跟着北抬，华北地区开始受到副热带高压边缘的影响，来自热带、副热带的暖湿气流也开始随着副热带高压边缘气流"输送带"输送过来。但同时，中纬度的高空仍时不时有冷涡（一种冷性涡旋）移动过来，也就是说北方的冷空气依然有实力。当冷、暖空气在华北、东北一带交汇时，这个地区的雨季就开始了。一旦冷涡少动，它后部偏北气流带来的冷空气就会不断袭扰北方地区，导致过程性的强对流天气。因此，在这个季节，华北（包括京津冀地区）有时会连续多天出现午后到夜间的雷阵雨，甚至冰雹等强对流天气。

这样的天气因为随机性太大、尺度太小，所以预报难度大、致灾风险大。目前，我们可以预测在某种天气背景下肯定会出现比较强的对流天气，甚至出现冰雹、龙卷，但是我们不知道是何时何地先出现。当我们监测到强对流天气时，可以用于发出预报预警的时间只有十几至二十分钟。这就像在家里烧开水，水快烧开时，你能预测到水肯定会冒气泡，但是你无法预测第一个、第二个气泡将从哪里冒出来。如果能在烧开水的锅里装一个精密的监视器，就有可能看到第一个气泡已经冒出来了，并且赶快盯住并追踪它的动向。但是对于天气预报来说，目前还无法构

建如此密集、精细的监测体系，气象部门只能把握住发生强对流天气概率大的天气背景，并通过各种手段尽快把预警发到相关区域，提醒相关部门和公众尽可能做好防范，以避免不必要的人员、财产损失。

如何防范暴雨灾害？

对于强对流天气，特别是雨季期间暴雨灾害的防范，《中国自然灾害要览》一书中给出了六项个人防范主要措施建议非常实用。

（1）位处低洼地势的居民住宅区，可因地制宜采取围堵措施，如砌临时围墙、放置沙袋、门口放置挡水板、配置小型抽水泵等。

（2）确保各种水道畅通。及时清理下水道附近的垃圾、杂物，疏通排水通道，防止水道堵塞，造成暴雨积水。

（3）修好屋顶防漏雨。暴雨来临前，城乡居民应仔细检查房屋，尤其要注意及时抢修房顶，预防雨水淋坏家具或无处藏身；预防雨水冲灌使房屋垮塌、倾斜。

（4）关闭电源防止伤人。底层居民家中的电器插座、开关等应移装在离地 1 米以上的安全地方。一旦家中进水，应当立即切断家用电器的电源，防止积水带电伤人。

（5）尽量减少外出。暴雨多发季节，注意随时收听收看天气预报预警信息，合理安排生产活动和出行计划，尽量减少外出。

（6）远离危险山体。山区降大暴雨时，有时会引发泥石流、滑坡等地质灾害，附近村民或行人尽量远离危险山体，不在坡边停留，谨防危情发生。

诗意秋雨与大气环流

9月以后，我国北方大部地区开始进入天高云淡、秋高气爽的时节。然而此时，西南地区却常常阴雨连绵，这是因为当地一位常客"华西秋雨"登场了。

华西秋雨到底是什么？

华西秋雨是我国西部地区特殊的天气现象。华西地区泛指陕西南部、甘肃东南部、四川北部和四川盆地以及湖北西部等地。以四川盆地为例，大多数时候由于副热带高压南落后会稳定一段时间，这时候的冷空气还不够强盛，只是渗透性侵入，华西秋雨以绵绵不断的连阴雨为主要特征，持续时间较长，一般雨强不大，表现出淅淅沥沥、时断时续、天气阴沉、日照少的特点，同我国其他地区秋高气爽的天气形成了鲜明的对比。正所谓"秋雨，秋雨，无昼无夜，滴滴霏霏"。在这种绵绵阴雨天气的"纠缠"下，天无三日晴，平均每月有 13 ~ 20 天在下雨，有些地方的山地土壤长时间被雨水冲刷、浸泡，容易出现严重的地质灾害。但是，如果某年遇到冷空气势力偏强，再加上副热带高压异常偏强，也会引发暴雨连连。2021 年秋季就出现了这样的情况，引发了四川盆地等多地洪涝灾害。1975 年 9 月 26 日—11 月 22 日，四川雅安甚至出现了持续 56 天的特长秋雨，因此雅安有了"雨城"之称。

总体来说，华西秋雨是当地秋季的常客，"行踪"相对规律，一般出现在 9—11 月，常年平均开始时间为 8 月 31 日，结束时间为 11 月 1 日。

但是也有不按常理到访的，从 8 月下旬开始登场，11 月下旬才撤退。资料表明，20 世纪 80 年代中后期至 2000 年，华西秋雨曾中断过，21 世纪开始又"复出"了。华西秋雨去而复返，是因为气候变化，还是因为"诗意秋雨"不希望被人遗忘呢？也许兼而有之吧。

华西秋雨究竟是怎么形成的？

华西秋雨是特定条件下冷、暖空气相互配合的结果，是在副热带高压周期性摆动过程中，由一个典型的环流形势造成的。每年进入秋季，副热带高压开始自北向南季节性摆动，华西地区上空处于西北太平洋副热带高压和伊朗高压之间的低气压区内。西北太平洋副热带高压西侧或西北侧的西南气流将南海和印度洋上的暖湿空气源源不断地输送到这一带，使这一带具备了比较丰沛的水汽条件。同时，随着冷空气不断从高原北侧东移或从我国东部地区向西部地区倒灌，冷、暖空气就在华西地区频频交汇，于是形成了华西秋雨。

为何说华西秋雨有利有弊？

华西秋雨出现后，湿冷天气持续，不仅让人感觉不舒服，更会给当地农业生产带来不利影响。秋天本是收获的季节，也是冬季作物播种、移栽的季节，但持续阴雨的天气易导致成熟的秋粮发芽霉变，以及未成熟的秋季作物生长延缓并遭受冻害。如果出现相对集中且雨量较大的秋雨，还会导致秋汛，引发洪涝灾害和地质灾害。特别是川西高原、甘肃陇南以及陕西南部的汉水河谷、关中和四川西部等地，地质结构复杂，遭遇华西秋雨时，再加上地形影响，发生地质灾害的风险更大。然而，辩证地看，秋雨多也有利于水库、池塘和冬水田蓄水，可以减轻次年春旱对各种农作物的威胁，因此农谚有云"你有万担粮，我有秋里墒"。

为什么华西秋雨夜雨率高？

"君问归期未有期，巴山夜雨涨秋池。何当共剪西窗烛，却话巴山夜雨时。"说到华西秋雨，很多人都会想到1100多年前唐朝诗人李商隐的这首《夜雨寄北》。是什么让诗人如此沉醉，得此佳句？正是绵长而有意境的夜雨。华西秋雨除了持续时间长，夜雨率高也是其一个重要特点。据《大气科学辞典》记载，重庆、成都、达州、乐山、泸州一带夜雨量占总雨量的72%。

虽然我国其他地方也有夜雨现象，如"潇湘夜雨"，但都不如华西夜雨来得勤、雨量大、影响范围广。这主要是受当地气候和地形的影响所致。首先，四川盆地地势较低，周围又有群山环绕，盆地内空气潮湿多云。白天，云层遮挡了部分太阳辐射，云下面气温不容易升高，对流不易发展。到了晚上，云层能够吸收来自地面辐射的热量，再以辐射向地面输送热量，云层对地面可以起到保暖作用，反而让夜间近地层温度不会降得太低；而云层上面辐射降温造成温度明显降低，盆地云层的上下部之间便形成了温差，导致大气层结构不稳定，容易发生对流，出现降雨。除此之外，四川盆地的巴山一带正好位于受副热带高压边缘影响的西部地区，西南部的暖湿气流与西风带的冷空气相遇，但云贵高原会对南下的冷空气起到一定的阻碍作用，形成准静止锋。在准静止锋滞留期间，锋面降水集中出现在夜间和清晨，夜雨率也就相应增大了。

风被"偷"了吗

　　曾经有这样一种说法：雾、霾天气增加与内蒙古地区的风力发电站和三北防护林有关，因为它们"偷走了"下游京津冀的风。这种说法听上去好像有道理，但事实上，两者之间并没有这样的关联。下面就谈谈其中的道理。

风是怎么来的？

　　风是空气的流动现象，在气象学中，常指空气相对于地面的水平运动，用风向和风力（或者风速）表示。风是大气热力环流的一部分，热力环流是由于下垫面冷热不均而形成的空气流动，是最简单的大气运动形式。海陆风、山谷风、季风等都是大气热力环流的表现。

　　地球大气高层环流的形成原因有四种。一是太阳辐射，这是地球上大气运动的能量来源。由于地球的自转和公转，地球表面接收太阳辐射能量是不均匀的，热带地区接收的多，极地接收的少，从而形成了大气热力环流。二是地球自转，在地球表面运动的大气都会受地转偏向力作用而发生偏转。三是地球表面海陆分布不均匀。四是大气内部热带和极地之间热量、动量的相互交换。以上种种因素构成了地球大气环流分布的平均状态和随着纬度、高度、季节变化的不同气候形态。

　　地球大气盛行的以极地为中心并绕其旋转的纬向气流，是大气环流的最基本状态。就对流层主导的纬向环流而言，低纬度地区盛行东风，称为"东风带"。由于地球的旋转，北半球多为东北信风，南半球多为东南信风，故东风带又称为"信风带"。中高纬度地区盛行西风，称为"西风带"，其强度随高度增大，在对流层顶附近达到极大值，称为"西风急流"。极地还有浅薄的弱东风，称为"极地东风带"。

我们考虑天气系统随着大气环流变化时，一般考虑的是中高层的风向、风速，比如1500米左右（850百帕）、5500米左右（500百帕）上空。一个地区盛行风的变化是由当地的气候特征所决定的，是中高空气流在不同纬度、不同季节、不同地势表现出来的规律性现象。如果当地的盛行风发生变化，那就预示着当地气候发生了变化。比如说，近些年雾、霾出现频率增加了，有学者认为这是由于全球变暖造成低纬度与高纬度的温差变小，引起冷空气南下势力减弱，大风日数减少，污染物扩散条件变差。这可以说是近些年雾、霾出现频率增加的气候大背景之一。

风力发电站、防护林能够"偷走"风吗？

与高层大气环流不同，近地层下垫面粗糙，受城市高楼、森林、山地等影响，地面上的风向、风速变得更为复杂。高原、平原，山前、山后，甚至楼前、楼后，风向、风速都会明显不同。因此，风力发电站、防护林可能对当地局地的风场分布产生影响。那么，这种局地影响会有多大呢？

其一，我们可以看看能够吹拂数百千米的高空风会受到怎样的影响。高空的风是大尺度环流，不是靠局地的小气候形成的。它不是贴着地面运动，而是随着高层的大气环流系统移动，并且通过动量下传，自上而下驱动低层的气流运动。换言之，高层的风可以通过动量下传等方式传递，从而影响近地面，特别是几千千米高层的风，其动量可下传上千米

并加速地面下层同方向风的运动。正因为如此，冷空气真正到来时，地面上仅仅几十米高的风力发电站是阻挡不了高层的主体风继续向下游移动的。这是风力发电站、防护林挡不住高空风的原因之一。其二，研究表明，地面障碍物对于水平气流的影响（速度、风向）距离一般是其高度的 6 ~ 10 倍。在这个距离区域内，风速会减小，风向会变化。但是离开这个区域后，持续吹拂的气流便会恢复，就像小溪中虽有石头阻挡了水流，但水流绕过石头后很快就会恢复原来的方向继续向下流动。假设防护林 30 米高，风力发电站 70 米高，按此推理，大风即使因经过成片的风力发电机站、防护林而受影响，但在其后 180 ~ 700 米或最多一两千米内就可还原。所以，风力发电站或防护林不会对距离较远的下游的风造成任何影响，更不可能成为其下游几百千米外的城市雾、霾出现频率增加的原因。

雾、霾形成的根本原因还是地面污染物排放增加和局地大气满足静稳条件。值得一提的是，有统计证实，风电场的发电量和霾的出现倒是有一个对应关系：风电场发电量大的时候霾少，发电量小的时候霾多。这可以理解为，风力发电依靠风能，风大时发电量大，风小时发电量小。同时，风大不利于霾的形成，风小有利于霾的形成。这从另一个角度说明，虽然风力发电和霾同受大气的影响，但这两者之间并没有直接联系。

它让台风也"难产"

我们都知道，台风经常于夏季和秋季出没。台风破坏力极大，是夏、秋季节严重威胁华南和华东沿海及内陆省份的灾害性天气系统之一。台风灾害主要由其引起的狂风骤雨所致。台风→暴雨→洪水→滑坡→溃坝→水泛，等等，台风所形成的灾害是我国三大巨灾链系统之一。

台风还有利？

台风是一种潜在的自然资源。据统计，每年7—8月浙闽及两广的降雨量有50%～70%来自台风降雨。台风作为夏、秋季节上述地区的主要降水来源，能有效缓解当地的旱情、高温酷暑和电力需求。海南省河塘水库的淡水资源，也少不了台风"搬运"补充。登陆后减弱的台风大风还是潜在的风电资源。台风导致的海水上翻会使营养物质从海洋深层上翻到浅层，有利于增加沿海渔业产量。此外，台风在调节全球气候和淡化海水方面也具有十分重要的作用。所以，如果某一年台风偏少，对一些地区也会有负面影响。

它让台风"难产"，"它"是谁？

每年的台风数量时多时少。统计数据表明，在一定强度的厄尔尼诺现象发生之后，也就是厄尔尼诺次年，台风生成数量及登陆个数均比正常年份少。这究竟是为什么呢？

我们可以通过分析台风本身的发生发展条件找到原因。台风在海上的发生发展需要能量，这些能量主要来自海面温度。这里的"海面"也包括浅海，海水深度在一百米到几百米。一般而言，海面温度（一定厚度）超过 26 ℃才有利于台风生成发展。在正常年份，西太平洋西部的海面温度比东部要高。然而，在厄尔尼诺年，赤道东太平洋变暖，热带西北太平洋海温则相对偏低，热对流减弱，大气稳定度增加，不利于作为台风胚胎的积云对流在热带太平洋地区发展成为低压扰动。这必然会抑制台风的发生和发展，台风的数量也会相应减少，登陆我国的台风数量也会比常年偏少。

厄尔尼诺出现，台风的路径也受影响？

确实，厄尔尼诺现象不仅会使台风数量减少，还会影响台风的行动路线。在我国，台风的路径主要由西太平洋副热带高压引导气流主导。北半球副热带高压南侧的基本气流是东风，这个东风带也被称为台风的引导气流，即它对台风移动有引导作用，所以台风一般都从东往西运动。而厄尔尼诺现象会引起西太平洋副热带高压的位置和强度异常波动，厄尔尼诺次年副热带高压的位置往往偏南，其引导的台风路径也会异常偏南，不再影响我国东部沿海地区。因此，在预测台风活动时，需关注有无厄尔尼诺现象这个因素。

雪的情怀

干雪湿雪 两重世界

很多人对雪情有独钟，一到冬天最盼望的就是下雪。打雪仗、堆雪人，是雪天里孩子们最喜欢的游戏。但是细心的朋友会发现，雪和雪并不一样。有的雪可以捏起来，随心所欲地用雪造型；有的雪却捏不起来，甚至不能用来打雪仗。这是因为，雪分"干雪"和"湿雪"。

干雪和湿雪怎样区分？

我们不能简单地理解为，干雪就是水分含量比较少的雪，湿雪就是水分含量比较多的雪。当雪花飘下来的时候，实际上空气中水汽含量是一定的，但雪花冻结的程度会有差别。这种差别是由近地面大气的温度造成的。如果近地面整个空气层的温度都很低，雪花从形成到落地，就是完全冻结的，全部由冰晶组成，那么下的就是"干雪"。如果近地面整个空气层，或者其中某一层的温度相对较高，雪花就不能完全冻结，除了大部分是冰晶之外，还包含一些水滴，这时下的就是"湿雪"。由此可知，干雪和湿雪的区别，在于雪花中冰晶和水滴的比例。

干雪和湿雪的降雪天气发生过程也是不同的。当近地层暖湿气流相对较强时，它和冷空气结合造成的降雪往往是湿雪，因为高空雪花降到低层时会部分融化。通常每个下雪季的前几场雪是湿雪的可能性比较大。因为冷空气初来乍到，此时地表、近地层温度仍然比较高。几场降雪之后，近地面温度越来越低，下干雪的概率就越来越大了。

湿雪的附着力强，当以雪造景时，湿雪的优势明显高于干雪。如果用湿雪，滚雪球、堆雪人都很容易。湿雪会附着在室外的树枝和叶片上，给人一种"大雪压青松，青松挺且直"的美感。干雪的附着力比较差，像干面粉一样，风一吹就飘落了，无法在房顶和树木上形成厚厚的积雪，所以干雪的造景能力不如湿雪。但是，干雪的好处在于它密度较小，观感蓬松且落地不易融化，形成很深的地面积雪，造就"三日柴门拥不开，阶平庭满白皑皑"的景色。

干雪和湿雪危害不同？

与干雪相比，同等体积的湿雪分量更重，常常对生产、生活设施造成损坏。数据显示，在通常情况下，北方下 8 ~ 10 毫米厚的雪，降水量能达到 1 毫米。而南方只需要下 6 ~ 8 毫米厚的雪，就可达到同样的降水量。这主要是因为北方雪的含水量比南方低。水的密度是相对不变的，约为 1000 千克 / 米^3，即 1 立方米的水质量约为 1000 千克。以北方为例，1 平方米面积上 8 ~ 10 毫米厚的积雪质量大概为 1 千克，100 平方米就约 100 千克。在南方，1 平方米面积上 6 ~ 8 毫米厚的积雪质量大概为 1 千克，100 平方米就约 100 千克。据此推算，100 平方米的平面屋顶上，如果积雪厚一尺（333 毫米），那么房顶就要承受约 5 吨的质量，相当于两头成年犀牛压在屋顶上。可想而知，湿雪的潜在破坏力有多大。2018 年 1 月 4 日上午，安徽合肥的 5 个公交站台被积雪压塌，造成多人受伤，一人不幸身亡。

下湿雪时，园林绿化部门一定要及时清理积雪。虽然一棵树上每片树叶积累的雪看似不多，但加起来的分量却足以压折这棵树。如果不及时清雪，城市树木尤其是一些珍贵的古树，很容易被雪压折，造成难以

挽回的损失。

干雪则易于被风吹起来，形成"风吹雪"现象，使能见度变得极低，会对交通、畜牧业造成灾害性影响。

冰雪运动需要专项天气预报？

如今冰雪运动越来越普及，雪的干湿程度对雪上运动影响也很大。由于雪上运动的特殊性，运动员对于雪地的"干湿程度"很敏感。随着气象预报越来越精准、服务越来越精细，未来的天气预报或许会提供"本次降雪属于湿雪／干雪""本次降雪会造成哪些影响"等内容。为了更好地服务于冬季运动，气象部门也会研发一次降水是雨还是雪，是湿雪还是干雪的预报产品。另外，雪景也是一种天气气候景观资源，期待未来还能研发出"雪景旅游指数预报"等。

北方的雪为何出走江南

每年冬季，降雪是我国大部分地区都十分常见的天气现象。

下雪是北多南少吗？

降雪总体分布呈北方多、南方少的特点。北方冬季寒冷，整个冬季气温经常都在 0 ℃以下，可以满足形成降雪的气温条件，所以相对来说北方更容易见到雪花飞舞。而南方冬季气温较高，降雪概率相对要低一些，且多是雨雪交加，难以见到明显的积雪。

降雪是低温状态下的降水形式。要下雪，水汽是基本条件，气温是关键因素。一般来讲，进入冬季后，我国除华南和云南南部无冬区外，其他大部分地区最低气温都会降到 0 ℃或以下。黄河流域和华北地区气温会稳定在 0 ℃以下，渐有小雪。而在更北的地方，东北、西北地区平均气温已达 –10 ℃以下，大雪纷飞。而此时，华南的广州及珠三角一带，却依然草木葱茏，与北方的气温相差很大，比当地其他季节则更干燥，缺乏下雪的条件。总体来说，华南地区冬季气候温和，平均气温较长江中下游地区高 2 ～ 4 ℃，雨量仅占全年的 5% 左右，故少雨雪。华南偶有降雪，也大多出现在 1—2 月，地面积雪更是难得一见。

71

雪下南北看"气场"？

以常年冬季的情况看，北方更冷，更容易下雪。但是，事实却不总是这样，我国不时会出现"南方雪花狂舞，北方片雪不下"的"尴尬"甚至"麻烦"。

我们可以通过分析大气环流形势来探究其原因。从小雪节气开始，高纬度地区就常有高空冷涡东移南下。冷涡是一种气旋，这种气旋东移南下时，深厚的逆时针旋转环流像一台"鼓风机"，会将更北方的冷空气源源不断吹向南方，使我国出现大范围大风降温天气。如果沿途地区暖湿气流又比较活跃，就可能下雪。不过，在北方地区，强冷空气袭来时，如果它移动较快，或者"气场"过于强大，就会把有利于形成降雪的水汽一下子驱赶到南方。这时，北方下雪的天气条件没有形成，反而，强冷空气到达南方后有所减弱，力度变得"恰到好处"，既可以把南方气温降到足够低，又能与偏南暖湿气流中的水汽遭遇、配合，降雪就"水到渠成"地在南方出现了。

还有一种情况会使北方无雪、南方下雪。如果高空冷涡这台"鼓风机"位置偏南，北方直接被冷涡后部干冷空气控制，冷空气会源源不断和冷涡南面偏南或者偏东暖空气形成对峙局面，雪就可以在南方下个不停。也就是说，如果冷空气比较强且与水汽"约会"地点偏南，就会造成北方无雪、南方暴雪的情况。比如，2008 年 1 月 10—22 日，来自西伯利亚的一次次强冷空气与来自印度洋和西太平洋的一股股暖湿气流在我国南方地区"杠上了"，导致南方地区发生了百年一遇的低温雨雪冰冻灾害，波及贵州、湖南、安徽等多个省份，造成了巨大的损失。

此外，统计北京 1981—2010 年立冬到春分 10 个节气期间的降雪日数可以发现，雪日最多的阶段并不出现在隆冬的冬至和小、大寒期间，而出现在立春节气期间。这说明隆冬时节虽然冷空气频繁且强度大，但北方水汽条件较差，往往难觅雪的踪影，华北地区尤甚。而到了立春时节，暖湿气流活跃起来，冷空气势力也略有收敛，水汽更容易输送到北方，丰沛的水汽遇到强冷空气，自然会增加北方下雪的机会。

"瑞雪兆丰年"，是中国人心底最美好的天气祈盼之一，盼望瑞雪带来丰收和吉祥。同时，人们赞赏雪花晶莹剔透、纯洁无瑕的品性，盼望雪花刷洗尘埃、吸收噪音，带来清新、宁静的环境。从"昔我往矣，杨柳依依。今我来思，雨雪霏霏"到"忽如一夜春风来，千树万树梨花开"再到"望长城内外，惟余莽莽；大河上下，顿失滔滔"，雪，寄托了我们多样的无尽的情感。从古至今，一雪一落总关情。

73

初雪如初恋 想见却难见

说起下雪，公众最期盼的莫过于一年的初雪。可是，对于天气预报员来说，除了期盼，更多的是压力。一方面，天气预报员理解公众关注初雪的心情；另一方面，一次降水过程什么时候会从雨转变成雪，天气预报员并不能百分之百确定。从天气预报的专业角度来看，降水从雨到雪的相态变化预示着大气环流的重要调整，以及冬季风与夏季风的转换程度，是值得关注的季节变换现象。

"转折性天气"为什么难预报？

"转折"是指变化，晴天转雨天、雨天转晴天、降雨转降雪等，都属于"转折性天气"。大气环流发生明显的变化时，变化过程中各种影响因素交错且权重各不相同，是各种"可能"变数最大的时候，而这也恰恰是公众最关心天气的时候。"特别需要预报准"和"特别难预报准"，就在这种时刻相遇了。

与针对持续晴天或者持续雨天的预报相比，预报"转折性天气"过程的难度要大很多。对于持续性天气，晴天也好雨天也罢，只要当时当地上空大气环流形势的"平衡"不被打破，天气就会"稳定"持续下去，预报的重点放在天气要素如气温、降雨量等的变化上就可以。一旦当地上空大气环流形势可能要发生变化，"平衡"将由哪些因素打破？何时调整？考验天气预报员的时候就到了。想要准确地报出天气的转折，需要预报员更加仔细地寻找各种可能因素的蛛丝马迹，进而判断发生转折的原因、时间、影响区域等。大气是个开放的系统，从高空到地面的方方面面因素都可能影响天气过程，不同季节、不同地域、不同天气系统在天气过程中又有不同的影响权重，天气系统的生消、移动、强弱变化在实际中并不会像教科书中描述的那样"规规矩矩"。所以，预报员在职业生涯中遇到的每一次"转折性天气"，都是一次挑战。

初雪预报，实际就是针对"从雨变成雪"的转折性天气预报。降水什么时候会变成雪，受到很多因素的影响，比如垂直温度层结的配置、高空（一般是 1500 米左右）冷空气前沿 0 ℃线的位置和移动趋势、水汽来源等。从降雨变成降雪，不仅仅是一个天气现象的变化，降水相态变化后对社会生产、生活的影响也不同。因此，天气预报员看初雪，可没有什么浪漫色彩。他们要全神贯注地分析冷空气、水汽、温度、上升条件等，从而判断是否将出现一场初雪。

为何说期待初雪如初恋？

　　下雪，不是简单的冷暖空气交汇，而犹如烹饪精美菜肴，要让冷空气的"分量"和暖湿气流的"火候"适度配合，才能呈现出精美的"雪花"。在天气预报员圈里，流传着"我待初雪如初恋"的说法，因为预报员非常期待能够准确预报出初雪，可初雪的出现又常"羞羞答答"地"犹抱琵琶半遮面"，着实不好预测。

　　以北京为例，初雪特别难预报准。北京的北面是燕山，如果来的冷空气不够强大，就不能翻越燕山抵达北京上空；如果来的冷空气特别强大，过了燕山就狂吹西北风，那么即使东边有东风和偏南风输送来暖湿水汽，也会被强势而干燥的西北风吹散，或者被压到更加偏南的地区去。这两种情况下，都无法形成北京地区的降雪。所以，要判断北京能不能下雪，既要看冷暖空气能不能都来，还要判断来了的冷暖空气的强度和位置是不是都刚刚好，实现冷暖空气在北京地区上空相遇。当以上条件都满足了，还要看近期近地层气温够不够低，能不能使雪降落到地面。如果气温不够低，那么雪花飘到低空就化成雨了。当预报员经过分析，确定各方面要素都"配合默契"了，才能预报北京将降下初雪。北京初雪的预报难度比地势简单的地区大很多。

　　初雪也是一年气候变化的一个符号。初雪出现，代表这个地区的冬季开始了。所以，准确预报初雪的来临，对气象部门和社会各行各业都极其重要。再加上公众对每年的初雪也特别期盼，总希望听到天气预报里报出初雪的消息，无形中也增加了预报员的心理压力。初雪出现后，意味着当地已经进入降雪的季节了，此后预报员的注意力将转向关注报准每一场雪，而不再纠结是报降雨还是报降雪，就如同终获心上人青睐的年轻人终于可以放下等待的忐忑，明朗地规划起未来了。